Heinrich Adolf Baumhauer

Die Resultate der Ätzmethode in der kristallographischen Forschung

An einer Reihe von kristallisierten Körpern dargestellt

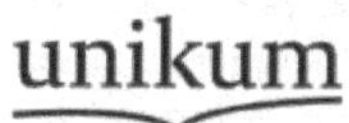

Heinrich Adolf Baumhauer

Die Resultate der Ätzmethode in der kristallographischen Forschung

An einer Reihe von kristallisierten Körpern dargestellt

ISBN/EAN: 9783845742076
Erscheinungsjahr: 2012
Erscheinungsort: Bremen, Deutschland

www.unikum-verlag.de | office@unikum-verlag.de

Heinrich Adolf Baumhauer

Die Resultate der Ätzmethode in der kristallographischen Forschung

An einer Reihe von kristallisierten Körpern dargestellt

Die

Resultate der Aetzmethode

in der

krystallographischen Forschung,

an einer Reihe von krystallisirten Körpern dargestellt

von

Dr. H. Baumhauer.

Mit 21 Textfiguren und einer Mappe mit 48 Mikrogrammen
auf 12 Tafeln in Lichtdruck.

Leipzig
Verlag von Wilhelm Engelmann
1894.

Vorwort.

Die Erscheinungen, welche geätzte Krystallflächen darbieten, wurden bekanntlich seit den ersten grundlegenden Arbeiten von Leydolt vielfach benutzt, um das System, das Vorhandensein einer Hemiëdrie oder Tetartoëdrie, sowie die Zwillingsverwachsung der Krystalle zu erforschen. Diese Methode der Untersuchung ist der optischen Methode insofern überlegen, als sie sich auf alle Krystalle, undurchsichtige wie durchsichtige, sowie auch in solchen Fällen anwenden lässt, in welchen die optischen Eigenschaften versagen, weil sich aus ihnen nur eine viel kleinere Zahl von Abtheilungen innerhalb der Systeme erkennen lässt, als aus den Aetzerscheinungen. Das Studium der letzteren hat aber ausser zu diesen gewissermassen mehr praktischen Anwendungen noch zu einer genaueren Kenntniss der Structur der Krystalle geführt, indem auf Grund derselben die Löslichkeit resp. Zersetzbarkeit der Krystalle nach verschiedenen Richtungen ermittelt und hieran wieder wichtige Betrachtungen über den molekularen Bau derselben angeknüpft wurden. Auch für die Entscheidung der neuerdings namentlich von J. W. Retgers behandelten Frage nach dem Vorhandensein einer Isomorphie werden die Aetzerscheinungen voraussichtlich in Zukunft besondere Bedeutung erlangen. Ist die wissenschaftliche Arbeit auf diesen Gebieten auch erst kürzlich begonnen worden, so darf man doch hoffen, dass sie reichen Ertrag liefern und unsere Anschauungen über den inneren Bau und die gegenseitigen Beziehungen der Krystalle auf früher ungeahnte Weise fördern werde. So haben wir denn hier einen Zweig der krystallographischen Forschung vor uns, welcher in mehrfacher Beziehung das Interesse des Fachmanns zu erwecken geeignet ist.

Der Verfasser, welcher selbst seit einer Reihe von Jahren diesem Gegenstande nahe steht, hat es nun — unterstützt durch die K. Akademie der Wissenschaften zu Berlin — unternommen, von einer Anzahl guter Präparate photographisch und dann mittelst Lichtdruck vergrösserte Bilder (darunter solche nach Originalpräparaten von Proff. Becke und Tschermak) herstellen zu lassen, welche, zu je vier auf zwölf Tafeln zusammengestellt, eine Anschauung von den verschiedenartigen bei Aetzversuchen vorkommenden Objecten und den dabei erhaltenen Resultaten geben sollen. Er hofft dadurch den Krystallographen in doppelter Hinsicht eine willkommene Gabe zu bieten: diese Tafeln sollen dem Zwecke der eigenen Orientirung sowie weiterhin als Anschauungsmittel bei Vorlesungen dienen. Dieselben sind haltbar auf Carton aufgezogen und geeignet, bei Vorträgen unter den Zuhörern zu circuliren. Sehr empfehlenswerth ist es, manche derselben mit Hülfe einer grossen Lupe genauer zu betrachten. Viele dieser Bilder zeichnen sich durch die Schönheit des dargestellten Objectes aus.

Mit der Herstellung der Tafeln wurde die Abfassung des vorliegenden ausführlichen Textes verbunden, welcher um so nothwendiger erschien als manches in den Mikrogrammen Dargestellte das Ergebniss neuerer, noch nicht veröffentlichter Untersuchungen ist. Zunächst giebt die Schrift eine Uebersicht über die wichtigeren, durch Anwendung der Aetzmethode gewonnenen Resultate; eine solche Zusammenstellung fehlte bislang in der krystallographischen Litteratur. Dann folgt eine Reihe von speciellen Darlegungen der Aetzerscheinungen von 12 verschiedenen krystallisirten Stoffen resp. Mineralien, Beispiele für die Anwendung der Methode bietend. Der Verfasser hofft hierdurch gleichzeitig mit den oben erwähnten Zwecken auch den zu erreichen, dass vielleicht eine noch grössere Zahl von Forschern als bisher dazu angeregt werde, ihre Thätigkeit diesem viel versprechenden Gebiete zuzuwenden.

Lüdinghausen, im Juli 1894.

Der Verfasser.

Inhalt.

Einleitung (Mikrogramm 1—6).

Wirkt eine flüssige (oder auch gasförmige) Substanz auflösend oder zersetzend auf einen Krystall ein, so werden dessen Flächen nicht gleichmässig angegriffen oder abgetragen, sondern der Angriff findet zunächst nur an gewissen Punkten statt. An diesen Stellen entstehen auf den Krystallflächen mikroskopisch kleine Vertiefungen von bestimmter Gestalt, indem die Auflösung resp. Corrosion von den einzelnen Punkten aus nach verschiedenen Richtungen mit im allgemeinen verschiedener Geschwindigkeit fortschreitet. Diese Vertiefungen werden bei regelmässigster Ausbildung von ebenen, sonst auch von mehr oder weniger gekrümmten Flächen begrenzt, sind also polyëdrisch und werden als Aetzeindrücke oder Aetzfiguren bezeichnet. Die ersten Beobachtungen über die Aetzung von Krystallen stellte Daniell an und veröffentlichte dieselben im Jahre 1817 in Schweigger's Journal **19**, 38. Viel später folgten erst die wichtigen Untersuchungen von Franz Leydolt. Im Jahre 1854 (am 16. November) legte derselbe in der Sitzung der Akademie der Wissenschaften zu Wien eine Abhandlung vor »Ueber eine neue Methode, die Structur und Zusammensetzung der Krystalle zu untersuchen, mit besonderer Berücksichtigung der Varietäten des rhomboëdrischen Quarzes«, welcher er im nächsten Jahre eine solche »Ueber die Structur und Zusammensetzung der Krystalle des prismatischen Kalkhaloides« folgen liess. In der ersten (S. 62 u. f.) bemerkt er:

»In dem, im Jahre 1824 erschienenen Grundrisse der Mineralogie von Mohs ist beim Steinsalze folgende merkwürdige Erscheinung angeführt. Wenn Hexaëder dieses Minerals der Einwirkung einer feuchten Atmosphäre anhaltend ausgesetzt werden, so entstehen an den Kanten Flächenpaare, welche einem hexaëdrischen Trigonal-Ikositetraëder angehören[1]), und bei fortdauernder Einwirkung verschwinden nach und nach die Flächen des Hexaëders gänzlich. — Ich hatte (später) hinreichend Gelegenheit, die Einflüsse einer feuchten Atmosphäre sowohl auf das Steinsalz, als auch auf andere Salze, wie Alaun, Salpeter u. s. w. zu studiren und war im Stande, solche Veränderungen an den Krystallen nach Belieben hervorzubringen. Ausser den Abstumpfungen an den Kanten fand ich alle Krystall- und Theilungsflächen des Steinsalzes mit einer unzähligen Menge von regelmässigen vierflächigen Vertiefungen versehen, welche den pyramidalen Ecken der oben angeführten Gestalt entsprechen; nur selten zeigten sich auch dergleichen Erhabenheiten. Beim Alaun waren an den Oktaëderflächen deutlich Vertiefungen von dreiflächigen Ecken, am Salpeter der äusseren Gestalt entsprechende Vertiefungen wahrzunehmen.«

Die Gestalt der Aetzfiguren ist im allgemeinen über die ganze Krystallfläche hin dieselbe, auf verschiedenen Krystallflächen, falls sie verschiedenen Formen angehören, hingegen ungleich, und zwar zeigt jede Flächenart ihre eigenthümlichen, jedoch von der Art und Beschaffenheit (Concentration) des Aetzmittels und den bei der Aetzung herrschenden physikalischen Umständen (Temperatur) abhängigen Aetzfiguren. Sämmtliche gleichartige Aetzfiguren einer Fläche liegen parallel. Lässt man das Aetzmittel längere Zeit einwirken, so häufen sich die Aetzfiguren, vergrössern sich mehr und mehr und bedecken schliesslich die Fläche vollständig, wodurch dieselbe ihre ebene Beschaffenheit gänzlich einbüsst. Nur sehr selten gelingt es, auf einer solchen schon stark geätzten Fläche auf's neue deutliche und gut gebildete einzelne Aetzfiguren zu erhalten. Es ist deshalb zweckmässig, falls das Aetzmittel den Krystall hinlänglich kräftig angreift, dasselbe in verdünntem Zustande oder nur sehr kurze Zeit einwirken zu lassen. Oft erfordert es grosse Vorsicht, gute Präparate, welche die Aetzfiguren einzeln und scharf ausgebildet zeigen, zu erhalten. Dann empfiehlt es sich wohl, den Krystall während der Aetzung, welche etwa in einem kleinen Glas-

---

1) S. unten »Prärosionsflächen«.

troge stattfindet, fortgesetzt unter dem Mikroskop zu beobachten, um den richtigen Zeitpunkt nicht zu versäumen, in welchem die Aetzung zu unterbrechen ist. Am besten entstehen die einzelnen Aetzeindrücke auf solchen Flächen, welche nicht allzu leicht vom Aetzmittel angegriffen werden, welche demselben also einen verhältnissmässig grossen Widerstand entgegensetzen. Dies ist häufig der Fall bei Spaltungsflächen, wie z. B. beim Steinsalz, Glimmer, Kalkspath, Dolomit, Gyps, Topas u. a. In solchen Fällen erhält man leicht Präparate, welche direct zur Beobachtung u. d. M. zu verwenden sind. Andernfalls schleift man am besten die geätzten Krystalle, falls sie nicht sehr klein sind und dann wohl gleichfalls direct beobachtet werden können, zu Platten, wobei die mit den besten Eindrücken versehene Fläche erhalten bleibt, oder man fertigt, falls der Krystall nicht in Wasser löslich ist, Abgüsse der geätzten Fläche mit Hülfe einer Hausenblase- oder Gelatinelösung (auch wohl von Collodium), welche zwischen Object- und Deckgläschen gefasst u. d. M. betrachtet werden. Letzteres ist namentlich bei undurchsichtigen Krystallen zu empfehlen. Wie bemerkt, sind die Aetzfiguren in der Regel so klein, dass man sich zu ihrer Betrachtung des Mikroskops, freilich nur selten bei stärkerer Vergrösserung, bedienen muss. Zuweilen sind dieselben jedoch von so ansehnlicher Grösse, dass sie schon mit blossem Auge deutlich wahrgenommen werden können, ja es kommt vor, dass sie einen Durchmesser von mehreren Millimetern erreichen. Im allgemeinen gilt jedoch, dass die Aetzfiguren zwar durch eine länger fortgesetzte Einwirkung des Lösungsmittels resp. der corrodirenden Substanz grösser werden, dass aber auch, wenn sie ein gewisses Maass erreicht haben, die Kanten und Ecken anfangen, sich abzurunden und eine weitere Vergrösserung auf Kosten der präcisen Ausbildung stattfindet.

V. v. Ebner, welcher sich eingehend mit den Lösungserscheinungen am Kalkspath und Aragonit beschäftigte (Sitzber. d. Akad. d. Wissensch. zu Wien 1884, **89**, 368 u. 1885, **91**, 760), theilt die Aetzfiguren nach der Zeit, welche sie zu ihrer Entstehung gebrauchen, in instantane und retardirte ein. Instantane sind solche, welche in wenigen Secunden ihre definitive Form und Grösse erreichen, retardirte solche, welche erst im Laufe von einer oder mehreren Minuten ihre volle Ausbildung erlangen. Die mit starker Salpeter-, Salz-, Phosphor- oder Chromsäure, sowie mit verdünnter Schwefelsäure auf den Spaltungsflächen des Kalkspaths zu erhaltenden Aetzfiguren entwickeln sich sehr rasch und werden deshalb von v. Ebner als instantane bezeichnet; als Typus retardirter Aetzfiguren können nach ihm die mit concentrirter Ameisensäure erzeugten gelten. Die retardirten Aetzfiguren haben wesentlich andere Formen als die instantanen. Während letztere schliesslich einen dreieckigen oder deltoidischen Umriss mit vorderer (nach der Polecke gerichteter) Spitze erhalten, zeigen die retardirten entweder einen rechteckigen, viereckigen oder fünfeckigen Umriss mit vorderer Abstumpfung. Man kann nun einerseits mit verdünnter Ameisensäure instantane, anderseits mit sehr verdünnter Salz- oder Salpetersäure retardirte Aetzfiguren darstellen. Instantane und retardirte Aetzfiguren sind die Endglieder einer Reihe von Formen, welche sich durch verschiedene Geschwindigkeit der Entwicklung unterscheiden. Sie sind durch Uebergänge mit einander verbunden. Es können sogar bei einer und derselben Aetzung instantane und retardirte Aetzfiguren auftreten, was v. Ebner durch die Annahme erklärt, dass auch in einer verdünnten Säure Stellen, beziehungsweise Molekülanhäufungen vorkommen können, welche einer bedeutend höheren Säureconcentration entsprechen, als es die mittlere ist. Aus dem Gesagten geht freilich hervor, dass es wohl in vielen Fällen sehr schwer sein würde, zu entscheiden, ob gewisse Aetzfiguren als instantane oder retardirte zu bezeichnen seien, ganz abgesehen von dem weiteren erschwerenden Umstande, dass beide überhaupt nicht scharf von einander geschieden, sondern durch Uebergänge mit einander verknüpft sind.

Häufen sich auf einer Krystallfläche die einzelnen Aetzeindrücke stark, so wird es leicht geschehen, dass sie beim Weiterwachsen einander so nahe rücken, dass die benachbarten Vertiefungen angehörigen kleinen Flächen zu regelmässig gestalteten Erhöhungen zusammenstossen. Diese Erhöhungen, welche gewissermassen umgekehrte Eindrücke darstellen, werden nach Becke als Aetzhügel (im Gegensatz zu den eigentlichen Aetzfiguren, den Aetzgrübchen) bezeichnet. Solche Aetzhügel entstehen namentlich leicht auf Flächen, welche dem Aetzmittel einen verhältnissmässig geringen Widerstand entgegensetzen, auf welchen also auch die zuerst entstehenden Aetzgrübchen alsbald in grosser Zahl vorhanden sind. Ja, es kommt vor, dass gewisse Flächen eines Krystalls schon nach sehr kurzem Aetzen überhaupt nur Aetzhügel tragen, während die Flächen anderer Formen desselben Krystalls deutliche Aetzgrübchen zeigen. Es ist das Verdienst Becke's, auf diesen Unterschied zuerst bestimmt hingewiesen zu haben. Nach ihm sind es z. B. die Rhombendodekaëderflächen der Zinkblende, welche sich beim Aetzen mit Salzsäure mit sehr deutlichen Aetzhügeln bedecken (Mikrogramm 1). Nach v. Ebner entsteht durch die andauernde Wirkung von verschiedenen Säuren, namentlich von concentrirter Essig- und Ameisensäure auf kleine Spaltungsrhomboëder von Kalkspath auf den Flächen eine durch abwechselnde erhabene und vertiefte Kanten verursachte klinodiagonale Streifung. Die erhabenen Kanten bleiben jedoch oft nicht in ihrer ganzen Länge erhalten; sie unterliegen vielmehr ebenfalls noch der Lösung und zwar meistens so, dass sie nur stellenweise durchbrochen werden, wodurch die continuirliche Kante in eine Reihe hinter einander liegender, etwas verlängerter, erhabener Höcker zerlegt wird. Diese von bestimmten Flächen begrenzten Höcker vergleicht v. Ebner mit den Aetzhügeln Becke's und bezeichnet sie als Lösungsgestalten. Er unterscheidet dann wieder primäre und secundäre Lösungsgestalten, welche letzteren durch die Veränderungen der ersteren in Folge weiterer Aetzung sich bilden können. Bei der Anwendung von Ameisensäure erreichten die erhabenen Lösungsgestalten solche Dimensionen dass sie der Messung zugänglich waren. Nach v. Ebner sind es die Flächen des Rhomboëders $-2R$, welche die primären Lösungsgestalten des Kalkspaths begrenzen. Er bezeichnet sie als primäre Lösungsflächen; solche Flächen besitzen im allgemeinen sehr einfache Indices. Auch die Flächen der secundären Lösungsgestalten des Kalkspaths suchte der genannte Forscher annähernd zu bestimmen (secundäre Lösungsflächen). Aus der Art, wie sich die secundären Lösungsgestalten bilden und bei weiterer Einwirkung der Säure allmälig verändern, geht indess hervor, dass daran nothwendig Flächen mit sehr complicirten resp. irrationalen Indices auftreten müssen. Nach v. Ebner sind es die primären Lösungsflächen, nach welchen ein Krystall sich am leichtesten löst (wohl richtiger: parallel welchen das Lösungsmittel am leichtesten in den Krystall eindringt).

Es unterliegt wohl keinem Zweifel, dass dasjenige, was von v. Ebner beim Kalkspath als Lösungsgestalt bezeichnet wird, trotz gewisser Analogien nicht direct mit der von Becke z. B. an der Zinkblende als Aetzhügel bezeichneten Erscheinung in Parallele gestellt werden kann. Die Aetzhügel entstehen binnen sehr kurzer Zeit und bedürfen nicht längerer Einwirkung des Aetzmittels wie die Aetzgrübchen auf anderen Flächen desselben Krystalls. Auch ist die mit Aetzhügeln bedeckte Fläche eben durch diese charakterisirt; es ist in der Regel nicht möglich, die den Aetzhügeln daselbst vorausgehenden Aetzgrübchen zu beobachten, weil die letzteren zu rasch in die ersteren übergehen. v. Ebner beschreibt aber sowohl typische Aetzfiguren (also Aetzgrübchen) als auch Lösungsgestalten, welche er bei Anwendung von concentrirter Ameisensäure auf den Spaltungsflächen des Kalkspaths erhalten hat. Diese Flächen bedecken sich jedoch beim Aetzen mit anderen Säuren (HCl, HNO_3) stets mit Aetzgrübchen.

Die Vertheilung der Aetzfiguren über die geätzte Fläche ist nie eine ganz gleichmässige, wie man nach der Theorie erwarten sollte. Meist erscheinen dieselben hier mehr vereinzelt, dort dichter gehäuft. Nicht selten auch beobachtet man, dass die Aetzfiguren an einzelnen Stellen der geätzten Fläche sich nach bestimmten krystallographischen Richtungen aneinander reihen. Es entstehen dadurch Aetzgräben oder Aetzwälle, jenachdem es sich um Vertiefungen oder Erhöhungen handelt. Derartige Bildungen wurden z. B. von G. Rose beobachtet am Diamant (geätzt durch den Sauerstoff der Luft bei Glühhitze, Pogg. Ann. **148**, 497), von Leydolt am Quarz (l. c.), von Bömer an demselben Mineral (N. Jahrb. f. Min. etc. 1891, Beil.-Bd. **7**, 540), wobei letzterer jedoch auf der angeschliffenen und mit Flusssäure geätzten Basis im Gegensatz zu Leydolt, welcher grabenähnliche Vertiefungen beschreibt, Aetzwälle bemerkte. Beim Quarz verlaufen diese Gebilde concentrisch, parallel den Combinationskanten der Basis mit $+R$ und $-R$, und haben höchst wahrscheinlich in dem schaligen Bau der betreffenden Krystalle ihren Grund. Hierhin gehört auch wohl die Beobachtung des Verfassers, dass die mit Schwefelsäure auf den Spaltungsflächen des Flussspathes erhaltenen Aetzfiguren an gewissen Präparaten zonenweise dicht gelagert sind, während zwischen diesen

Zonen die Eindrücke ganz oder fast ganz fehlen (Mikrogramm 6). Die genannten Zonen gehen den Kanten $O : \infty O$ parallel. Sie stellen Theile der Fläche dar, welche dem Aetzmittel einen relativ geringen Widerstand leisten und bezeugen, dass der betreffende Krystall nicht absolut homogen, sondern aus irgendwie verschieden gearteten Schichten oder Schalen aufgebaut ist. Da an eine Ueberlagerung chemisch differenter isomorpher Substanzen, hier wie oben beim Quarz, nicht zu denken ist, so muss eine physikalische Verschiedenheit der auf einander folgenden Zonen (etwa hinsichtlich der Dichte) angenommen werden.

Als eine anomale Bildung sind die nicht selten zu beobachtenden haar- oder schnabelförmigen Kanäle zu betrachten, welche sich vom Grunde der Aetzgrübchen aus oft verhältnissmässig weit in das Innere der Krystallmasse erstrecken. Manchmal verlaufen dieselben bei benachbarten Aetzfiguren in paralleler Richtung, wie dies in ausgezeichneter Weise von C. Klein am Boracit beobachtet wurde (N. Jahrb. für Min. etc. 1880, II, 209). Sehr schön sieht man diese Kanäle auch an einem von G. Tschermak herrührenden und in Mikrogramm 20 wiedergegebenen Präparat von mit HCl geätztem Siderit von Fowey consols (Spaltungsfläche). In Verbindung mit der Bildung solcher Kanäle erscheinen die Aetzfiguren manchmal einseitig verzerrt, eine Ausbildungsweise, welche man jedoch bei einiger Vertrautheit mit derartigen Beobachtungen leicht als eine anomale erkennt.

Die Gestalt der Aetzfiguren, der Aetzgrübchen wie der Aetzhügel, steht nun, wenn man von den anomalen Verzerrungen absieht, in nächster Beziehung zu der Symmetrie der dieselben tragenden Fläche. Leydolt drückt dies in folgenden Worten aus: »Durch die Einwirkung einer langsam lösenden Flüssigkeit entstehen auf den natürlichen oder künstlich erzeugten Flächen der Krystalle regelmässige Vertiefungen, welche ihrer Gestalt und Lage nach ganz genau der Krystallreihe entsprechen, in welche der Körper selbst gehört.« Diese Thatsache ist von grösster Bedeutung für die Anwendung der Aetzmethode zur Bestimmung des Systems resp. der Abtheilung eines solchen, welcher ein Krystall angehört. In dieser Richtung wurde diese Methode mehrfach angewendet ausser von dem Verfasser von Tschermak, Brögger, Hamberg u. A. Der

Verfasser ermittelte z. B., dass die scheinbar holoëdrischen Krystalle des Nephelins einer tetartoëdrischen Abtheilung des hexagonalen Systems angehören (Zeitschr. f. Kryst. **6**, 209 u. **18**, 611), Tschermak bewies durch Beobachtung der Aetzfiguren die Tetartoëdrie des Dolomits (Min. u. petrogr. Mitth. **4**, 99), Brögger fand auf ∞O des Sodaliths Aetzfiguren, welche auf die tetraëdrische Hemiëdrie hinweisen (Zeitschr. f. Kryst. **18**, 215), Hamberg zeigte, dass der Pyrophanit, eine mit dem Titaneisen isomorphe Verbindung von der Zusammensetzung $MnTiO_3$, gemäss seiner Aetzfiguren auf der Basis rhomboëdrisch-tetartoëdrisch krystallisirt (Geol. Fören. Förhandl. 1892, **12**, 567), F. Rinne fand vor kurzem, dass der Skolezit, wie seine merkwürdigen Aetzfiguren auf ∞P und $\infty \mathit{P}\!\!\!\!\!\;\grave{}\,\infty$ beweisen, als monoklin geneigtflächig hemiëdrisch zu betrachten ist (N. Jahrb. f. Min. etc. 1894, II, 51). Die Zahl dieser Beispiele könnte leicht bedeutend vermehrt werden. Hier wie in ähnlichen Fällen ist die Aetzmethode der Methode der optischen Untersuchung durchaus überlegen, weil die letztere nicht alle Abtheilungen eines Systems zu erkennen gestattet und zudem überhaupt nur bei durchsichtigen Krystallen Anwendung finden kann. Während es bei rein optischer Untersuchung nur möglich ist, sieben resp. neun Abtheilungen der Krystallformen zu erkennen resp. zu unterscheiden, ist es mit Hülfe der Aetzmethode möglich, jede der sämmtlichen 32 Abtheilungen zu constatiren. Sie wird also von keiner andern bisher in umfangreicherem Maasse angewandten Methode erreicht, geschweige denn übertroffen. Ferner hat sich gezeigt, dass zuweilen die Flächen verschiedener Formen eines Krystalls, ohne dass dieselben immer einzelne deutliche Aetzfiguren aufweisen, vom Aetzmittel im ganzen in verschiedenem Grade angegriffen werden, also nach dem Aetzen mehr glänzend oder mehr matt erscheinen. Diese Differenz tritt dann besonders schön hervor, wenn die verschieden stark angegriffenen Flächen infolge einer Zwillingsbildung in dasselbe oder annähernd dasselbe Niveau fallen. Auch dieses Verhalten kann zur näheren Bestimmung des Krystallsystems von Bedeutung sein. Ein schönes Beispiel hierfür liefert der Leucit (vergl. den betr. Abschnitt und Mikrogramm **34**).

Betrachtet man eine mit Aetzfiguren bedeckte Fläche, indem man dieselbe dicht ans Auge hält und davon die Strahlen eines etwas entfernt aufgestellten Lichtes reflectiren lässt, so beobachtet man eine aus einem oder mehreren Strahlen bestehende Lichtfigur oder Asterie, deren Symmetrieverhältnisse gleichfalls mit denen der Fläche übereinstimmen. Die unter einander parallelen Flächen der verschiedenen Aetzfiguren senden gemeinsam je einen solchen Strahl aus, welcher, wenn die Flächen geknickt sind, auch wohl mehrere hellere Stellen oder Culminationen aufweisen kann. Zuweilen beobachtet man aber auch mehr Strahlen, als sich Flächen an den Aetzfiguren deutlich unterscheiden lassen; diese Flächen sind dann aber jedenfalls, wenn auch nur sehr schwach entwickelt, vorhanden. Ist der Krystall durchsichtig, so bemerkt man beim Hindurchsehen nach der Lichtquelle die Asterie in umgekehrter (um 180° gedrehter) Stellung. Die ersten Mittheilungen über Lichtfiguren machte D. Brewster (London, Edinburgh and Dublin Philos. Magazine, 1853). Derselbe erwähnt wohl, dass er zunächst durch das Studium kleiner Vertiefungen auf den basischen und Pyramidenflächen des brasilianischen Topases zur Wahrnehmung dieser schönen Phänomene geführt wurde, allein er liess bei der weitern Verfolgung des Gegenstandes diesen für die Erklärung der Erscheinungen höchst wichtigen Umstand aus dem Auge. Anders Leydolt. Derselbe bemerkt in seiner Quarzarbeit (1854) Folgendes: »Brewster hat in einer interessanten Abhandlung gezeigt, dass an von Natur rauhen Krystallflächen von Topas, Flussspath, Hornblende, Axinit, Steinsalz, Eisenglanz, Diamant, ferner an den Flächen von Alaun, Flussspath und Kalkspath, wenn dieselben durch Lösungsmittel oder mit grobem Sande rauh gemacht werden, eigenthümliche optische Figuren entstehen. Dadurch aufmerksam gemacht, untersuchte ich die bei meiner Arbeit erhaltenen Flächen auch in dieser Beziehung und fand ähnliche Lichterscheinungen, die sich jetzt, da ich die Beschaffenheit einer so veränderten Oberfläche ganz genau nachgewiesen habe, leicht erklären lassen. Diese Figuren stimmen immer mit der Gestalt jener kleinsten Theile[1]) vollkommen überein, so dass man aus der Gestalt auf die Lichterscheinung und umgekehrt schliessen kann.« Eine eingehende Untersuchung, welche

1) Leydolt identificirte die Gestalt der Aetzfiguren mit derjenigen der kleinsten Krystalltheile, — ein Irrthum, welcher erst später durch die Untersuchungen anderer Forscher als solcher erkannt wurde (s. weiter unten).

sich speciell mit den durch Aetzung an Krystallen der verschiedenen Systeme hervorgerufenen Lichtfiguren beschäftigt, veröffentlichte im Jahre 1862 v. Kobell in den Sitzungsber. der k. bayr.. Akad. d. Wiss., Bd. I. Dass die Ursache der Lichtfiguren wirklich in der Existenz sehr vieler kleinen, regelmässigen Vertiefungen an der Oberfläche des Krystalls zu suchen sei, darauf wies die Beobachtung des genannten Forschers hin, dass auf den Flächen R des Kalkspaths beim Aetzen viele kleine parallel gelagerte dreiseitige Eindrücke entstehen, deren v. Kobell im Zusammenhang mit der Beschreibung der bezüglichen Lichtfiguren gedenkt.

Im Anschluss hieran untersuchte nun K. Haushofer 1865 die Lichtfiguren und Aetzeindrücke des Kalkspaths genau und wies den innigen Zusammenhang zwischen beiden in einer werthvollen Schrift nach (Ueber den Asterismus und die Brewster'schen Lichtfiguren am Calcit, Habilitationsschrift, München). Für die Beobachtung im reflectirten Lichte ist es nach ihm wünschenswerth, die Lichtstrahlen möglichst senkrecht auf die Krystallflächen einfallen zu lassen. Dies kann man vollkommen erreichen, wenn man über der horizontal gestellten Krystallfläche ein kleines sorgfältig gereinigtes Glasplättchen unter einem Winkel von 45° so aufstellt, dass es das Bild einer in gleichem Niveau befindlichen Flamme auf die Krystallfläche wirft, von welcher aus das durch Reflexion entstandene Lichtbild ungehindert durch das Glas in das senkrecht darüber befindliche Auge des Beobachters gelangt. Haushofer erkannte als die Hauptursachen der Asterien Reflexion und Brechung, je nachdem dieselben im zurückgeworfenen oder durchgehenden Lichte beobachtet werden und gab eine eingehende Deutung der Lichtfiguren des Kalkspaths auf R und ∞R mit Rücksicht auf die kleinen Flächen der Aetzfiguren.

Später wurden zahlreiche Beobachtungen über Lichtfiguren geätzter Krystallflächen ausser vom Verfasser von L. Wulff (Zeitschr. f. Kryst. 5, 81), besonders aber von Becke in dessen zahlreichen über die Aetzung handelnden Arbeiten angestellt. Der letztgenannte Forscher bediente sich der goniometrischen Ausmessung der Asterien, um die krystallographische Lage der betreffenden, die Aetzfiguren begrenzenden kleinen Flächen zu bestimmen.

Häufig werden durch die Einwirkung des Aetzmittels gewisse

Kanten der betreffenden Krystalle gleichsam abgenagt und durch mehr oder weniger ebene, schmale Flächen ersetzt. Auch diese Flächen entsprechen hinsichtlich ihrer Lage und Vertheilung den Symmetrieverhältnissen des ganzen Krystalls. Eingehendere Beobachtungen über solche Flächen am Quarz machte zuerst Leydolt, später der Verfasser. Während man solche schmale Flächen früher als Aetzflächen bezeichnete, hat man in neuerer Zeit diesen Namen nach dem Vorgange von Becke den kleinen Flächen beigelegt, welche die Aetzgrübchen und Aetzhügel begrenzen, während man die an den Kanten des geätzten Krystalls auftretenden Flächen nach dem Vorschlage von A. Hamberg (Bih. t. Sv. Vet.-Akad. Handl. 1887, **13**, II, Nr. 4, S. 17) Prärosionsflächen nennt. Aetzfiguren sowohl wie Prärosionsflächen sind auch oft an Krystallen zu beobachten, welche keiner künstlichen Aetzung ausgesetzt wurden, jene Erscheinungen vielmehr einer natürlichen Aetzung verdanken. Becke machte z. B. solche Beobachtungen am Pyrit, Bleiglanz, Magnetit und der Zinkblende (Min. u. petrogr. Mitth. 1887, **9**, 1), Hamberg am Adular (l. c.); von Molengraaff wurden eingehende bezügliche Untersuchungen (namentlich hinsichtlich gewisser seltener Flächen) am Quarz angestellt (Zeitschr. f. Kryst. **14**, 190). Wurden durch vorhergegangene Versuche hinreichende Erfahrungen über die Abhängigkeit der auftretenden Aetz- und Prärosionsflächen von der Natur des Aetzmittels gesammelt, so wird es möglich sein, zu bestimmen, welche Substanz bei der betreffenden natürlichen Aetzung auf den Krystall gewirkt hat. So gelangte Molengraff zu dem Resultate, dass die kohlensauren Alkalien die »natürlichen Quarzätzer« seien.

Fallen bei einem Zwillingskrystalle gleiche oder verschiedene Flächen in ein Niveau, wie z. B. auf der Basis der Aragonit- oder auf den Flächen $\pm R$ der Quarzzwillinge, so bedecken sich die, den verschiedenen Individuen angehörigen Flächentheile beim Aetzen mit gleichen, aber verschieden gerichteten oder mit ungleichen Aetzfiguren; hierdurch tritt einmal die Zwillingsnatur des betreffenden Krystalls und dann auch der Verlauf der Zwillingsgrenzen aufs bestimmteste hervor. In diesem Sinne machte bekanntlich zuerst Leydolt in seinen oben citirten grundlegenden Arbeiten über die Zwillingsverwachsungen des Aragonits und des Quarzes von der

Aetzmethode eine überaus wichtige und erfolgreiche Anwendung. Auch bei den oben erwähnten Untersuchungen des Nephelins, Dolomits und Sodaliths wurde aus der verschiedenen Lage der Aetzfiguren (auf ∞P und $0P$, R, ∞O) die Zwillingsverwachsung erkannt und das bezügliche Zwillingsgesetz abgeleitet.

An derartige Untersuchungen schliessen sich an diejenigen, bei welchen die Aetzmethode benutzt wurde, um die Zugehörigkeit mimetischer Krystalle zu einem weniger symmetrischen System, als welchem sie äusserlich betrachtet anzugehören scheinen, sowie die Art der Verwachsung der einen solchen Sammelkrystall bildenden Individuen zu erforschen. Der Verfasser hat in dieser Richtung die Aetzmethode mehrfach angewandt, und zwar auf die Mineralien Leucit, Boracit und Perowskit (Zeitschr. f. Kryst. **1**, 257; **3**, 337; **4**, 187).

Schon vor längerer Zeit wurde die Frage erörtert, ob die Aetzflächen, welche die Aetzfiguren begrenzen, dem Gesetze der rationalen Indices gehorchen. Mancherlei spricht dafür, diese Frage von vornherein zu bejahen, insbesondere der Umstand, dass der Durchschnitt dieser Flächen mit der die Aetzfiguren tragenden Krystallfläche sehr oft bestimmt einer vorhandenen oder möglichen Kante parallel geht, dass also die Aetzflächen dann einer krystallographischen Zone angehören. Leydolt hat denn auch angenommen, dass den Aetzflächen bestimmte und zwar einfache Symbole zukommen, ohne jedoch diese Ansicht durch Messungen zu erhärten (s. dessen Abhandlung über den Aragonit, S. 5 u. 6). Solche Messungen sind freilich schwierig anzustellen, können nur als Schimmermessungen ausgeführt werden und liefern unsichere, oft ziemlich stark von einander abweichende Resultate, sie werden deshalb, so lange keine andere bessere Messungsmethode für diesen Zweck ersonnen ist, die aufgeworfene Frage nicht vollkommen exact beantworten können. Sohncke (Jahrb. f. Min. etc. 1875, 941), welcher an den quadratischen Aetzfiguren auf den Würfelflächen des Steinsalzes Messungen anstellte, kommt zu folgendem Resultat: »Am häufigsten sind Flächen von solcher Lage, dass sie den Pyramidenwürfeln $(a : 9a : \infty a)$ und $(a : 10a : \infty a)$ anzugehören scheinen; nach den vorgenommenen Messungen ist es jedoch wahrscheinlich, dass die Aetzfiguren am Steinsalz gar nicht auf einen bestimmten Pyramidenwürfel bezogen werden können.«

F. Klocke, welcher diese Frage an den Aetzfiguren des gleichfalls mit Wasser geätzten Alauns studirte, gelangte zu folgenden Ergebnissen. Er fand bei der Messung der Aetzflächen der auf O auftretenden dreiseitig-gleichseitigen Eindrücke, dass sich — wie auch Sohncke beim Steinsalz gefunden — für jeden untersuchten Krystall andere Winkel ergaben, deren Extreme weit mehr unter einander abweichen, als dass man sie als Beobachtungsfehler betrachten dürfte. Die Aetzflächen gehören Triakisoktaëdern mO an, wobei m zwischen ungefähr $\frac{8}{7}$ und $\frac{7}{5}$ fällt. Hieraus geht hervor, dass diese Aetzflächen, ähnlich wie beim Steinsalz, sogenannten vicinalen Flächen, hier solchen von O, dort solchen von $\infty O \infty$, nahestehen. Die grosse Mehrzahl der gefundenen Winkel (Durchschnitte aus 6—10maliger Messung) ergab Werthe für m, die sehr nahe an den Axenschnitten von Triakisoktaëdern mit verhältnissmässig einfachem Zeichen liegen. Die Differenz zwischen Beobachtung und Rechnung ist im allgemeinen sehr klein. Auch für die auf den Würfelflächen auftretenden vierseitigen, einem Ikositetraëder mOm angehörigen Aetzfiguren ergaben sich Werthe, welche auf vicinale Flächen hindeuteten, indem die Aetzflächen zwischen den Ikositetraëdern $30O30$ und $15O15$ schwanken (Zeitschr. f. Kryst. 2, 126).

Bei der Betrachtung einer geätzten Krystallfläche unter dem Mikroskop konnte sich naturgemäss leicht der Gedanke aufdrängen, es stellten die Aetzfiguren zugleich die Gestalt der kleinsten Theile der Krystalle, gleichsam die Krystallbausteine dar. Leydolt fasste die Aetzfiguren auch in diesem Sinne auf und drückte seine Ansicht in folgendem Satze aus: »Die Gestalten, welche diesen Vertiefungen entsprechen, kommen, wie man aus allen Erscheinungen schliessen muss, den kleinsten regelmässigen Körpern zu, aus welchen man sich den Krystall zusammengesetzt denken kann.« Etwas anders spricht sich Haushofer (l. c.) hierüber aus: »Zwei Umstände, sagt derselbe, geben uns die Berechtigung, an der Allgemeinheit des Leydolt'schen Satzes zu zweifeln. Die Beobachtung, dass bei genauer Untersuchung solcher Formen stets noch regelmässig angeordnete Streifungen und Vertiefungen auf den Flächen derselben gefunden werden, sowie die Thatsache, dass man selbst nach der Anwendung ganz schwacher Lösungsmittel so häufig mit gewölbten Flächen zu thun hat, machen es wahrscheinlich, dass man nicht bei der Form der ersten Krystallindividuen angekommen ist, sondern immer noch Aggregate solcher vor sich hat. Damit ist keineswegs die Möglichkeit ausgeschlossen, dass diese Aggregate die Form der ersten Individuen repetiren und so mittelbar eine Kenntniss dieser gestatten.« Hierzu bemerkte der Verfasser (Sitzungsber. d. k. bayr. Akad. d. Wiss. München, math.-phys. Classe, 1873, 3): »Auch diese Auffassung der Sache dürfte noch zu weit gehen. Mir scheint nämlich der Umstand, dass zuweilen gewisse Flächen an den Vertiefungsgestalten erst secundär auftreten oder auch je nach der Art der angewandten Lösungsmethode ganz fehlen können, — der Aragonit liefert z. B. auf derselben Fläche unter Umständen ziemlich von einander abweichende Vertiefungen — darauf hinzudeuten, dass man die wirkliche Gestalt der einzelnen Krystallmoleküle auf diesem Wege allein wohl kaum zu ermitteln im Stande ist.«

Dass in der That die Gestalt der Aetzfiguren nicht zugleich die der einzelnen Krystallbausteine ist, geht aus späteren Beobachtungen von dem Verfasser und Laspeyres am Muscovit resp. Topas hervor. Es zeigte sich nämlich, dass die mit geschmolzenem Kalihydrat auf der Basis des Muscovits erhaltenen Aetzfiguren zwar ebenso wie die früher vom Verfasser mit Flusssäure dargestellten monokline Symmetrie aufweisen, dass aber die ersteren von den letzteren hinsichtlich ihrer Form wesentlich abweichen (Zeitschr. f. Kryst. 3, 113). Die Form der Aetzfiguren kann also mit der Art des gewählten Aetzmittels variiren. Da nun auch die vom Verfasser mit Aetzkali behandelten Glimmerblättchen derselben Platte entnommen waren, wie die mit Flusssäure geätzten, so ergiebt sich, dass die Aetzfiguren nicht zur Bestimmung der Krystallbausteine (Subindividuen nach Sadebeck) dienen können, da sie dann doch offenbar auf derselben Fläche desselben Krystalls stets gleiche Gestalt besitzen müssten. Laspeyres erhielt am Topas auf $0P$ bei Behandlung mit saurem schwefelsaurem Kali Eindrücke, welche von den vom Verfasser früher mit Aetzkali dargestellten (N. Jahrb. f. Min. etc. 1876, 5) wesentlich verschieden sind, wenngleich beide rhombische Symmetrie zeigen. Laspeyres folgerte hieraus, dass die Aetzfiguren sich mit dem Aetzmittel ändern können (Zeitschr. f. Kryst. 1, 357).

Mit der Art der an einem Krystall auftretenden Aetzflächen beschäftigte sich sehr eingehend und in einer Reihe von Arbeiten (über Zinkblende, Bleiglanz, die Mineralien der Magnetitgruppe, Pyrit und Flussspath) F. Becke. Derselbe bezeichnet als Hauptätzflächen solche, welche auf allen Flächen des Krystalls an der Begrenzung der Aetzgrübchen und Aetzhügel theilnehmen, hingegen als Nebenätzflächen solche, welche nur auf bestimmten Krystallflächen auftreten. Dabei ist allerdings zu bemerken, dass die genauere Messung der gleichzeitig auf verschiedenen Krystallflächen auftretenden Hauptätzflächen kleine Abweichungen von der Identität ergab, indem die Projectionspunkte der Aetzflächen jeweilig derjenigen Krystallfläche näher rücken, auf welcher sie entstanden sind. Bei der Zinkblende stellen für die Aetzung mit *HCl* die positiven Triakistetraëder die Hauptätzflächen dar, während als Nebenätzflächen auf dem positiven Tetraëder erscheinen positive Deltoëder und vicinale positive Triakistetraëder, auf dem Würfel die demselben nahestehenden negativen Triakistetraëder. Als Aetzzone bezeichnet Becke eine Zone (resp. ein Zonenstück), welcher die Hauptätzflächen angehören. So ist bei der Zinkblende die Zone zwischen dem Würfel und dem positiven Tetraëder Aetzzone. Die Flächen, welche in der Aetzzone liegen, behalten nach der Aetzung ihr glänzendes Aussehen und bedecken sich mit einzelnen Aetzgrübchen. Die anderen Flächen hingegen — bei der Zinkblende z. B. das Rhombendodekaëder (Mikrogramm 1, Präparat von Prof. Becke) und das negative Tetraëder — verlieren den Glanz, sind nach der Aetzung sammetartig matt und werden rascher angegriffen, als die Flächen der Aetzzone. Sie tragen nach dem Aetzen kleine Aetzhügel oder erhabene Aetzriefen. Die Hauptätzflächen sind nach Becke solche, welche dem Aetzmittel einen grossen Lösungswiderstand entgegensetzen, also gegenüber dem Aetzmittel eine grosse normale Cohäsion besitzen[1]). Im einzelnen fand Becke für die

1) Diejenigen Krystallflächen, auf welchen nach der Aetzung Aetzhügel auftreten, wurden später von Hamberg (l. c.) als Lösungsflächen bezeichnet. Er bemerkt hierüber Folgendes: »Ich habe versucht, dieses Wort (Lösungsfläche) in seiner ursprünglichen theoretischen Bedeutung beizubehalten, indem ich diejenigen Krystallflächen, an welchen beim Aetzen die Aetzhügel entstehen, Lösungsflächen genannt habe. Es dürfte nämlich durch die Experimente Becke's am Magnetit und Pyrit entschieden worden sein, dass derartige Flächen, an welchen

Zinkblende u. A. noch, dass die Hauptätzflächen der positiven Tetraëderfläche um so näher liegen, je concentrirter bei sonst gleichen Umständen die Säure ist, und dass eine Verlängerung der Aetzdauer bei gleichbleibender Concentration der Säure denselben Effect hat, wie die Anwendung einer concentrirteren Säure bei ursprünglicher, also kürzerer Aetzdauer. Doch gilt dies streng nur, so lange man nur sehr kurze Zeitintervalle berücksichtigt.

Um die Lage der Aetzflächen zu bestimmen, wurden von Becke entweder die Reflexe der Lichtfigur (Asterie) der Messung unterzogen, oder es wurde auf das Maximum des Schimmers eingestellt, welcher eintritt, wenn die Aetzflächen in bestimmte Lagen

---

sich vorzugsweise Aetzhügel bilden, dem Aetzmittel den geringsten Widerstand entgegensetzen. Da aber nicht nur eine bestimmte, krystallographisch mögliche Fläche die Forderungen an Lösungsflächen (in dem hier gebrauchten Sinne) erfüllt, sondern alle Ebenen, die mit einer Hauptlösungsfläche hinreichend kleine Winkel bilden, wenn sie auch nicht krystallographisch mögliche Flächen sind, dürfte man nicht nur von Lösungsflächen, sondern auch von Lösungszonen oder noch lieber von Lösungsregionen sprechen können. Es ist wahr, dass die Aetzhügel nichts anderes als dicht an einander gedrängte Aetzgrübchen sind, und dass zwischen den Aetzhügeln und den Aetzgrübchen kein wesentlicher Unterschied besteht; es scheint aber doch, als ob die Krystallflächen, an welchen auch beim kurzen Aetzen die Aetzhügel entstehen, sich von denjenigen, an welchen die Aetzgrübchen gebildet werden, sehr wesentlich unterscheiden. Die Entdeckung und Erklärung dieses Unterschiedes ist das Hauptverdienst Becke's. Es scheint mir jedoch, als ob Becke die Bedeutung der Lösungsflächen unterschätzt. Becke hebt stets nur die Aetzflächen hervor. Es ist wahr, dass die Aetzflächen ein besonderes Interesse durch ihr Auftreten in den Aetzgrübchen und an den Aetzhügeln darbieten, sie geben jedoch nur negative Erläuterungen hinsichtlich der Lösungsverhältnisse eines Minerals. Es sind die Lösungsflächen oder die Lösungsregionen, welche vor allem die Lösungsverhältnisse eines Minerals gegenüber den Aetzmitteln einer bestimmten Art charakterisiren.« In einem ganz anderen Sinne gebraucht v. Ebner die Bezeichnung »Lösungsfläche«. Er nennt die Flächen der Aetzfiguren (resp. der Lösungsgestalten) Lösungsflächen und ist der Meinung, dass die Lösungsflächen resp. die primären Lösungsflächen eines Krystalls denjenigen Ebenen entsprächen, nach welchen der Krystall sich am leichtesten löst (nach Analogie mit den Spaltungsflächen). Die Lösungsflächen v. Ebner's entsprechen also den Aetzflächen Becke's. Nun hat aber Becke bewiesen, dass die Flächen der Aetzfiguren gerade diejenigen sind, welche dem Aetzmittel einen grossen Widerstand entgegensetzen. Eine Lösungsfläche und zwar eine primäre Lösungsfläche (nach v. Ebner) würde also, wie Hamberg mit Recht bemerkt, eine Fläche bedeuten, nach welcher die Lösung besonders schwierig stattfindet, was ja einen Widerspruch enthält. (Es sei übrigens bemerkt, dass Becke später jene Regionen eines Krystalls, auf welchen bei der Aetzung Aetzhügel entstehen, als »Aetzfelder« bezeichnete.)

gegen einfallendes paralleles Licht kommen, während die geätzte Fläche in ihrer Ebene gedreht wird. Auf diese Weise kann man die Azimuthwinkel bestimmen, welche gleichgeneigte Aetzflächen mit einander auf der geätzten Fläche einschliessen (Min. u. petrogr. Mitth. N. F. 5, 457).

Den Bleiglanz (Würfel *h*, Oktaëder *o*, Rhombendodekaëder *d*) ätzte Becke namentlich mit kalter Salzsäure. Einmal gelang es ihm, bei Anwendung von concentrirter Säure auf *h* das erste Stadium der Aetzung zu beobachten. Es zeigten sich quadratisch-pyramidale Aetzgrübchen, deren Seiten auf *h* den Kanten *h* : *o* parallel gingen. Sonst, bei etwas längerer Aetzdauer, beobachtete er stets entsprechend gelegene Aetzhügel, woraus sich die Art der Entstehung der letzteren ergiebt. Bei Anwendung von verdünnter Säure (20 %) bedecken sich die Würfelflächen mit Aetzhügeln, welche bei oberflächlicher Betrachtung vierseitig erscheinen, wobei die Flächen derselben scheinbar dem Dodekaëder entsprechen. Bei genauerer Betrachtung bemerkt man aber an jeder Fläche eine flach ausspringende Kante, so dass die Pyramide von acht Flächen begrenzt wird. Sie entspricht einem Triakisoktaëder oder einem Hexakisoktaëder, welches einem Triakisoktaëder nahe kommt. Auf *o* bilden sich dreiseitige Aetzgrübchen, deren Seiten den Kanten *o* : *h* zugekehrt sind. Die Flächen, welche diese Aetzgrübchen begrenzen, sind Triakisoktaëder. Eine Abstumpfung der vertieften Spitze durch eine der Oktaëderfläche parallele wird nicht beobachtet. Auf *d* entstehen Aetzriefen, welche der langen Diagonale der Dodekaëderfläche parallel gehen und Triakisoktaëderflächen entsprechen. Die Hauptätzflächen liegen beim Bleiglanz in der Zone der Triakisoktaëder oder nähern sich ihr merklich. Die Zone der Triakisoktaëder ist daher Aetzzone. Als Endglieder gehören ihr auch *d* und *o* an, welche unter gewissen Umständen als Aetzflächen auftreten. Auf die einzelnen Beobachtungen Becke's kann hier nicht eingegangen werden. Doch sei noch hinzugefügt, dass, indem der genannte Forscher den Einfluss wechselnder Concentration (zwischen 12 % und 20 %) der Säure und Aetzdauer am Bleiglanz untersuchte, derselbe zu folgenden Sätzen gelangte: »Niederer Concentrationsgrad bewirkt im allgemeinen Oktaëderätzung (d. h. *o* ist Aetzfläche). Nur bei sehr langer Aetzdauer treten daneben auch Aetzflächen parallel *d* (Dodekaëderätzung) auf. Säuren mittlerer Concentration (ca. 15 %) bewirken im allgemeinen Aetzflächen parallel *d*, nur bei sehr kurzer Aetzdauer kann man auch Oktaëderätzung auf den Würfelflächen beobachten. Säuren höherer Concentration (20 %) lassen allgemein Triakisoktaëder entstehen, bei *h* auch diesen nahe stehende Hexakisoktaëder.« Die Allgemeingültigkeit dieser Sätze wird allerdings eingeschränkt durch folgenden Zusatz, womit Becke dieselben begleitet: »Uebrigens ist zu bemerken, dass die Verschiedenheiten, die durch Aenderung der Concentration der Säuren und der Aetzdauer verursacht werden, kaum bedeutender sind als die Unterschiede, welche Bleiglanz von verschiedenen Fundorten, ja selbst verschiedene Schichten desselben Krystalls aufweisen. An einem Spaltstück eines oktaëdrischen Krystalls beobachtete ich nach 16stündiger Aetzung in etwa 15procentiger Säure einen Aufbau aus einzelnen Schichten, die abwechselnd deutlich oktaëdrische und dodekaëdrische Aetzung zeigten. Vermuthlich sind diese Verschiedenheiten auf chemische Beimengungen zurückzuführen, welche die Angreifbarkeit erhöhen oder verringern.« Diese letztere Bemerkung ist wohl so zu verstehen, dass nach Becke's Ansicht die verschiedene chemische Beschaffenheit resp. Angreifbarkeit ähnliche Folgen hat wie die verschiedene Concentration der Säure resp. die ungleiche Aetzdauer (Min. u. petrogr. Mitth. N. F. **6**, 237).

Beim Aetzen von Magnetit mit verschiedenen Säuren (Salz-, Schwefel- und Salpetersäure) erhielt Becke im wesentlichen übereinstimmende Resultate. Auf *o* entstanden dreiseitige Aetzgrübchen, welche im Falle normaler Ausbildung trisymmetrisch, sonst auch — in Folge der Bildung schräg verlaufender Kanäle — monosymmetrisch gestaltet sind. Die Seitenflächen der Aetzfiguren werden von Triakisoktaëdern gebildet. Dazu treten untergeordnet als Abstumpfungen der Seitenkanten Flächen aus der Ikositetraëderzone. Die Spitze der vertieften Pyramide ist oft durch eine zu *o* parallele Fläche abgestumpft. Beim Aetzen mit verdünnter Schwefelsäure bei 100° entsprechen die Seitenflächen der Aetzfiguren dem Dodekaëder. Auf den Dodekaëderflächen entstehen Aetzgrübchen, welche von den benachbarten vier Dodekaëder- und zwei Oktaëderflächen gebildet werden, sowie Aetzriefen, welche von denselben Flächen begrenzt werden, wie die Aetzgrübchen auf den Oktaëderflächen.

Auf den Würfelflächen endlich treten Aetzhügel auf, die im wesentlichen von denselben Aetzflächen gebildet werden, wie die Aetzgrübchen auf *o* und *d*. Bei der Anwendung von Schwefelsäure sind diese Aetzhügel oft durch eine zu *h* parallele Fläche oder durch die vier Flächen eines stumpfen Tetrakishexaëders abgestumpft. Diese letzteren nähern sich den Formen $\infty O2$ (210) und $\infty O3$ (310). Becke machte auch Aetzversuche an den übrigen Gliedern der Magnetitgruppe, so am Franklinit, Spinell, Pleonast. Die Resultate derselben stimmen im wesentlichen mit denen am Magnetit überein, Hauptätzzone ist auch hier die Zone der Triakisoktaëder; Dodekaëder und Oktaëder sind sogenannte primäre Aetzflächen.

Indem Becke in seinen spätern Arbeiten die Begriffe der »primären« und »secundären« Aetzflächen einführt, knüpft er an die entsprechenden Bezeichnungen v. Ebner's »primäre und secundäre Lösungsgestalten« (s. S. 5) an. Er geht dabei, ebenso wie v. Ebner, von der Vorstellung aus, dass im ersten Moment der Aetzung die Ausbildung einer von »primären Aetzflächen« mit sehr einfachen Indices umschlossenen Figur angestrebt wird, dass aber diese primären Aetzflächen sich auf die Dauer nicht erhalten, sondern dass bei weiterer Aetzung aus denselben andere, die »secundären« Aetzflächen mit complicirterem Symbol hervorgehen. Die primären Aetzflächen wurden in Wirklichkeit bei gewissen Aetzfiguren (z. B. des Bleiglanzes und des Magnesits) völlig erreicht, zumeist beobachtet man jedoch die daraus hervorgegangenen secundären Aetzflächen. Die Regeln, nach welchen die Entwickelung der secundären aus den primären Aetzflächen erfolgt, sind:

1. Die Veränderung erfolgt so, dass die secundären Aetzflächen in bestimmten Zonen, den Aetzzonen, bleiben.

2. Die Aetzflächen rücken der geätzten Krystallfläche näher; diesen Vorgang bezeichnet Becke als Verschleppung.

In Bezug auf den letzteren Punkt ist zu bemerken, dass bei Aetzgrübchen die Lösung am Rande rascher als in der Tiefe fortschreitet, und dass umgekehrt bei Aetzhügeln die Spitzen und Kanten energischer als der Fuss gelöst werden, was zur Folge hat, dass statt der zuerst angelegten Flächen solche entstehen, die gegen die geätzte Fläche weniger steil geneigt sind. Die primären Aetzflächen sind nach Becke die Flächen kleinster Lösungsgeschwindigkeit oder grössten Lösungswiderstandes. Sie sind nicht identisch mit den Hauptätzflächen (s. S. 14), ebenso wenig wie die secundären mit den Nebenätzflächen. Primäre Aetzflächen sind stets vorhanden resp. anzunehmen, während Hauptätzflächen dann fehlen können, wenn die auf verschiedenartigen Flächen eines geätzten Krystalls auftretenden Aetzflächen sämmtlich weit von einander abliegen (s. weiter unten Flussspath). Die secundären Aetzflächen können unter Umständen als Hauptätzflächen auftreten, müssen es aber nicht. Um die Beziehungen zwischen diesen verschiedenartigen Aetzflächen besser zu veranschaulichen, sei folgendes Beispiel angeführt:

Zinkblende, geätzt mit *HCl*.

Primäre Aetzflächen: positives Tetraëder und Würfel.

Secundäre und Hauptätzflächen: positive Triakistetraëder.

Nebenätzflächen: auf (001) negative Triakistetraëder, auf (111) positive Deltoëder.

Aetzzone: [(111)(001)].

Der Linneït wurde bereits 1874 (Sitzungsber. k. bayr. Akad. d. Wiss. 1874, 245) vom Verfasser auf seine Aetzfiguren geprüft. Die Krystalle ($o \cdot h$) wurden durch kurzes Erwärmen mit rauchender Salpetersäure geätzt. Hierauf waren die Oktaëderflächen mit zahlreichen sehr kleinen aber scharf ausgebildeten drei- und gleichseitigen Vertiefungen bedeckt, welche entweder auf ein Triakisoktaëder oder auf das Rhombendodekaëder zurückzuführen sind. Die Würfelflächen hingegen wiesen keine deutlichen Aetzfiguren auf. Hiernach, sowie nach den neueren Beobachtungen von Becke verhält sich der Linneït bei Aetzung mit Säuren ganz ähnlich wie Magnetit. Ganz anders verhält sich derselbe jedoch, wie nun Becke fand, bei der Aetzung mit Kalilauge. Hierbei entstehen nämlich auf *o* dreiseitige Aetzfiguren, die gegen die Säurefiguren in verwendeter Stellung erscheinen; ihre Flächen fallen also in die Ikositetraëderzone. Ganz ähnliche Aenderung des Aetzerfolges beobachtete Becke auch an Zinkblende und Bleiglanz, sobald statt der Säure ein Aetzmittel, welches eine grössere Verwandtschaft zu Schwefel hat, in Anwendung kam. Hieraus folgerte Becke: »Der Erfolg der Aetzung wird bei einer Aenderung des Aetzmittels dann ein anderer, wenn durch das neue Aetzmittel ein ganz anderer chemischer Process hervorgerufen wird.« Der Linneït verhält sich gegen Säuren wie Magnetit, die Triakisoktaëderzone ist dann Hauptätzzone, bei Aetzung mit Alkalien hingegen wird die Ikositetraëderzone zur Hauptätzzone. Die Richtungen des grössten Widerstandes und der leichtesten Löslichkeit werden mit dem Wechsel des Aetzmittels (Säuren und Alkalien) vertauscht. Indem Becke diese Aenderung auf die ungleiche Lage der vom Aetzmittel zunächst angegriffenen Atome in den Krystallmolekülen zurückführt, gelangt er zu der Annahme, dass die Moleküle des Linneïts einen solchen Bau besitzen, dass die chemischen Moleküle, die sie zusammensetzen, ihre Metallatome *h*, ihre Schwefelatome *d* zukehren. Beim Magnetit müsste man eine den Schwefelatomen entsprechende Stellung für die Sauerstoffatome annehmen.

Dass die primären Aetzflächen in der That die Flächen des grössten Lösungswiderstandes sind, das zeigte Becke für die Säureätzung am Magnetit durch folgende Versuche. Zunächst bestimmte er die Dicke der Schicht, die sich in gleicher Zeit unter gleichen Umständen auf den verschiedenen Krystallflächen löste. Es wurden an einem Krystall ein Paar paralleler Flächen *h*, ein Paar *d* und zwei Paare *o* angeschliffen und dann die Dicke des Krystalls zwischen diesen Flächenpaaren vor und nach der Aetzung vermittelst des Mikroskops bestimmt. So ergab sich z. B. für einen Krystall von Pfitsch, 30 Minuten mit 20procentiger Salzsäure geätzt, die Dickendifferenz in Theilstrichen der Mikrometerschraube:

nach $h = 88$ Theilstrichen,
„ $d = 50$ „ ,
„ $o = 53$ u. 54,5 „ .

Diese Zahlen beweisen, dass die primären Aetzflächen *d* und *o* dem Aetzmittel einen grösseren Widerstand entgegensetzen, als *h*, welch letztere als Lösungsfläche im Sinne Hamberg's zu betrachten ist; auch scheint *d* der Lösung einen grösseren Widerstand als *o* zu leisten. Andererseits beobachtete Becke die Gestaltveränderung, die eine Magnetitkugel bei der Auflösung erfährt[1]). Der Theorie

1) Aehnliche Versuche sind schon 1865 von Lavizzari (Nouveaux phénomènes des corps cristallisés, Lugano) an Kalkspath, Dolomit, Aragonit und einigen anderen Mineralien, sowie von O. Meyer (N. Jahrb. f. Min. etc. 1883, I, 74) an

nach müsste die Kugel in jenen Richtungen, in denen der Krystall am leichtesten löslich ist, eine Abplattung erfahren, in den Richtungen des grössten Widerstandes würde die Lösung zurückbleiben, es würden sich Ecken und Kanten bilden. Die Magnetitkugel müsste also einen Körper liefern, der in der Richtung der *d*- und *o*-normalen vorspringende Kanten und Ecken besitzt, also einen würfelähnlichen Körper mit in der Mitte ausgebauchten Kanten. Eine Magnetitkugel, mit Schwefelsäure vier Stunden lang im Wasserbade behandelt, zeigte an Stelle der Würfelflächen matte Vierecke, während glänzende Streifen die Triakisoktaëderzone bezeichneten; auch konnte constatirt werden, dass die Kugel in der Richtung der *h*-normalen stärker als in der *d*- und *o*-normalen an Dicke abgenommen hat.

Hinsichtlich der Frage, ob die Aetzflächen dem Parametergesetz gehorchen, äussert sich Becke bei Gelegenheit vorstehender Untersuchung folgendermassen: Die primären Aetzflächen sind stets krystallonomisch bestimmte Flächen, die aus diesen sich entwickelnden secundären Aetzflächen entsprechen jedoch vielfach nicht dem Gesetz von der Rationalität der Indices. Das Auftreten von Flächen mit einfachen Indices wird dadurch begünstigt, dass solchen Flächen eine grössere Netzdichte zukommt, dass sie dichter mit Molekülen besetzt sind und daher der Auflösung einen grösseren Widerstand entgegensetzen, als Flächen mit complicirten Indices. Die Aetzfiguren werden zwar nicht immer von Flächen mit einfachen Indices begrenzt; es scheint aber, als ob in den meisten Fällen dies anfänglich doch der Fall war, dass aber durch eingetretene Complicationen, die sich durch die veränderten Concentrationsverhältnisse im Innern der Aetzgrübchen und in der Umgebung der Aetzhügel erklären lassen, der ursprüngliche Zustand sich nicht erhalten konnte (Min. u. petrogr. Mitth. 1885, **7**, 200).

Kalkspath angestellt worden. Ersterer liess z. B. eine Kalkspathkugel sich in concentrirter Salpetersäure auflösen und beobachtete, dass dieselbe nicht ringsum gleichmässig an Durchmesser abnahm, sondern allmälig sich in eine hexagonale Pyramide verwandelte. Wie ausserordentlich verschieden schnell die Auflösung ungleichartiger Flächen desselben Krystalls vor sich geht, wies derselbe Beobachter auch dadurch nach, dass er die aus dem Kalkspath entweichende Kohlensäure in jedem Falle getrennt ihrer Menge nach bestimmte und fand, dass gewisse Flächen unter denselben Umständen die siebenfache Kohlensäuremenge lieferten, als andere.

Den Pyrit ätzte Becke gleichfalls theils mit Säuren (Salpetersäure und Königswasser), theils mit Alkalien (Kali und Natron). Bei der Aetzung mit Säuren entstehen auf den Würfelflächen Aetzgrübchen, an welchen namentlich Flächen von positiven Pentagondodekaëdern auftreten, und zwar meist solche, welche zwischen $\pi(102) = p$ und h liegen. Auf den Pyritoëderflächen p entstehen stets Aetzgrübchen mit Flächen aus der Zone $[102 \cdot \bar{1}02]$, wobei letztere jedoch innerhalb dieser Zone ihre Lage je nach den Umständen (Art der Säure und Aetzdauer) ändern können. Für die Oktaëderflächen ist bei der Säureätzung bezeichnend das matte Aussehen und das Auftreten von Aetzhügeln. Sie verrathen sich hierdurch als ausserhalb der Aetzzone liegende Flächen. Auch auf den Dodekaëder- und negativen Pyritoëderflächen zeigen sich Aetzhügel. Das Zonenstück $[\pi(102) \cdot (001) \cdot \pi(\bar{1}02)]$ tritt somit bei der Säureätzung als Hauptätzzone hervor; die in demselben liegenden Flächen h und p treten in Gegensatz zu denjenigen der anderen Formen o, d und $\pi(201)$ [negatives Pyritoëder]. Bei der Aetzung des Pyrits mit Alkalien verhalten sich nun die Flächen zum Theil umgekehrt, indem die Oktaëderflächen glänzender bleiben als h und p und zugleich die schärfsten Aetzfiguren (Aetzgrübchen) aufweisen. Die Aetzflächen fallen in die positiven Krystallräume, in denen die Flächen von p liegen. Auf p erscheinen gleichzeitig Aetzgrübchen und Aetzhügel, während h und d matt werden und sich mit Aetzhügeln bedecken. Bei alkalischer Aetzung spielen die Flächen von o und untergeordnet die von p die Rollen primärer Aetzflächen, während sich eine eigentliche Aetzzone nicht nachweisen lässt.

Bei der Aetzung mit Säuren bieten die Flächen der Aetzzone p und h der Auflösung einen grösseren Widerstand dar, als die ausser derselben liegenden $-p$, d und o. Durch Messung der Dickenabnahme nach dem Aetzen erhielt Becke Werthe, aus welchen sich Folgendes ergiebt: Die Würfelfläche erweist sich als die Fläche des grössten Widerstandes. Ihr zunächst kommt die Fläche des positiven Pyritoëders. Das Dodekaëder erscheint unter allen untersuchten Formen als diejenige, welche den geringsten Lösungswiderstand besitzt, doch ist zu bemerken, dass, ebenso wie der Unterschied zwischen h und p ein geringer ist, die Unterschiede zwischen *d*, —*p* und *o* vergleichsweise geringfügig sind (Min. u. petrogr. Mitth. 1887, 8, 239).

Sehr eingehend studirte Becke die Aetzerscheinungen des Flussspaths, wobei er hauptsächlich zu folgenden Resultaten gelangte. Bei Anwendung von Säuren (namentlich *HCl*) entstehen auf *h*, wie auch der Verfasser schon fand (Neues Jahrb. f. Min. etc. 1876, S. 605), quadratische Aetzgrübchen von diagonaler Stellung, welche von Ikositetraëderflächen begrenzt sind. Selten und nur bei grossen Figuren kommen ganz schmale Kantenabstumpfungen vor, welche von Tetrakishexaëdern herrühren (Mikrogramm 3, Präparat und Aufnahme von Herrn Becke). Eine eigenthümliche Erscheinung ist die, dass sehr verdünnte Schwefelsäure auf den Würfelflächen des Flussspaths von Bozen und Freiberg Tetrakishexaëderfiguren hervorruft (vergl. übrigens S. 17 die Aetzfiguren auf *h* beim Bleiglanz). Auf *o* entstehen gleichfalls Aetzgrübchen. Bei Anwendung von *HCl* erhält man drei- und sechsseitige Aetzfiguren (Mikrogramm 2 und 6, ersteres nach einem Präparat von Herrn Becke). Die dreiseitigen Aetzgrübchen kommen bei schwacher, die sechsseitigen bei stärkerer Concentration des Aetzmittels zum Vorschein. Im ersten Falle sind die Aetzflächen Ikositetraëder, im zweiten diese mit Triakisoktaëdern. An den Würfelkanten beobachtet man Prärosionsflächen, welche die Lage von Tetrakishexaëdern haben, an den Oktaëderkanten der Spaltungsform erscheinen breite Prärosionsflächen, welche Triakisoktaëdern entsprechen. Die Flächen *d* zeigen langgestreckte Aetzgrübchen parallel der Combinationskante mit *o*; auch auf angeschliffenen Ikositetraëderflächen erscheinen rinnenförmige, nach der Kante mit *o* gestreckte Aetzgrübchen. Sehr ähnlich verhalten sich angeschliffene Triakisoktaëderflächen, während Platten, parallel Tetrakishexaëderflächen geschliffen, sich ganz anders verhalten, indem sie sich mit Aetzhügeln bedecken.

Becke fasst die Ergebnisse der Aetzung mit Salzsäure folgendermassen zusammen: Primäre Aetzflächen sind Würfel und Oktaëder, primäre Aetzzonen sind die Ikositetraëder- und Triakisoktaëderzone. Man hat daher auf der Würfelfläche vierseitige Aetzgrübchen, von Ikositetraëderflächen gebildet. Auf der Oktaëderfläche erscheinen dreiseitige Aetzgrübchen, von Ikositetraëdern gebildet, oder sechsseitige, von Ikositetraëdern und Triakisoktaëdern gebildet. Das Vorherrschen der einen oder anderen Art hängt gesetzmässig ab von der Concentration und Temperatur der Salzsäure. Auf den Dodekaëder-, Ikositetraëder- und Triakisoktaëderflächen entstehen nach $d:o$ resp. der betreffenden Aetzzone gestreckte, rinnenförmige Aetzfiguren; auf den Flächen der Tetrakishexaëder monosymmetrische Aetzhügel. Becke hebt ferner hervor, dass beim Fluorit die Beziehungen der Aetzflächen zu Flächen mit rationalen Axenschnitten nicht mit der Deutlichkeit hervortreten, wie bei anderen Mineralien, z. B. beim Magnetit, wo unter Umständen die Uebereinstimmung der Aetzflächen mit rationalen Kantenschnitten eine zwingende ist. Man kann diesen Unterschied dadurch zum Ausdruck bringen, dass man sagt, Magnetit sei ein Mineral mit vollkommener, Fluorit — wenigstens in seinem Verhalten gegen Salzsäure — eines mit unvollkommener Aetzbarkeit. Ein weiterer Unterschied besteht darin, dass man beim Fluorit nicht von Hauptätzflächen in dem S. 14 angegebenen Sinne reden kann. Bei der Aetzung mit HCl werden allerdings sowohl auf den h- als auf den o-Flächen Aetzfiguren gebildet, die von Ikositetraëderflächen begrenzt sind; aber diese Ikositetraëder sind nicht mehr identisch, sondern sie weichen beträchtlich von einander ab.

Ausser mit Säuren ätzte Becke den Flussspath auch mit Alkalien resp. alkalisch reagirenden Salzen und zwar erhielt er die besten Resultate bei Anwendung heisser concentrirter Lösungen von Na_2CO_3 und K_2CO_3. Er gelangte für diese Aetzung zu folgenden Regeln: die Zonen der Tetrakishexaëder und Triakisoktaëder spielen die Rolle von primären Aetzzonen mit d und o als primären Aetzflächen. Deshalb hat man auf d rechteckige Aetzgrübchen, von Tetrakishexaëdern und Triakisoktaëdern gebildet, auf o Triakisoktaëdergrübchen, unter Umständen mit Ikositetraëderflächen, auf den Tetrakishexaëder- und Triakisoktaëderflächen trapezförmige, nach der betreffenden Aetzzone gestreckte Aetzfiguren, auf den Ikositetraëderflächen Aetzhügel. Die Oktaëderfläche ist also für beide Aetzmittel (Säuren und Alkalien) primäre Aetzfläche und die Triakisoktaëderzone in beiden Fällen eine Aetzzone, während Tetrakishexaëder und Ikositetraëder ihre Rolle vertauschen.

Diejenigen Regionen eines Krystalls, auf deren Flächen beim Aetzen Aetzhügel entstehen, bezeichnet Becke als »Aetzfelder«. Man gewinnt nach ihm eine anschauliche Vorstellung von der

Vertheilung der Lösungsgeschwindigkeit in einem Krystall, wenn man sich nach allen möglichen Richtungen vom Mittelpunkt des Krystalls aus Strecken aufgetragen denkt, die der Lösungsgeschwindigkeit einer senkrecht zu der betreffenden Richtung orientirten Platte proportional sind. Die Enden dieser Strecken werden — wie man nach Analogie mit anderen physikalischen Eigenschaften schliessen darf — auf einer krummen Oberfläche liegen, welche Becke als Lösungsoberfläche bezeichnet. Er macht darauf aufmerksam, dass die Lösungsoberfläche der Krystalle sich enger an die Symmetrie der Krystallform anschliesst als das optische Elasticitätsellipsoid und auch die sogen. Elasticitätsfläche. Das erstere z. B. hat eine viel höhere Symmetrie als die Krystallform, d. h. viele Richtungen, welche in krystallographischer Hinsicht verschieden sind, verhalten sich in Bezug auf die optischen (auch die thermischen etc.) Eigenschaften gleich. Nur die Hauptgruppen der Krystallsysteme prägen sich durch besondere Symmetrie-Typen des zugehörigen Ellipsoides aus. Die Lösungsoberfläche schmiegt sich viel inniger an die Symmetrie der Krystalle an, worauf die oben schon betonte Ueberlegenheit der Aetzmethode gegenüber der optischen Untersuchung der Krystalle beruht.

Becke studirte nun mit Hülfe der schon beim Magnetit angegebenen Methode (der Aetzung und Dickenbestimmung von nach verschiedenen Richtungen geschliffenen Platten) eingehend die Lösungsgeschwindigkeit des Flussspaths und stellte dabei sowohl Versuche mit Salzsäure als mit Sodalösung an. Es ergab sich namentlich Folgendes:

1. Die Lösungsgeschwindigkeit ist gleich in krystallographisch gleichwerthigen, ungleich in ungleichwerthigen Richtungen.

2. Die Lösungsoberfläche, welche stetig gekrümmt ist, ist dadurch ausgezeichnet, dass Lösungsminima den primären Richtungen: Würfel, Oktaëder und Dodekaëder entsprechen, während in den zwischen deren Normalen eingeschlossenen Zonen je ein Zwischenmaximum liegt.

3. Die Reihenfolge der Minima und Maxima, nach der Grösse geordnet, ändert sich mit dem Aetzmittel. Für Salzsäure folgen, nach steigender Grösse geordnet:

1. Minimum normal zum Würfel,
2. „ „ „ Oktaëder,
3. „ „ „ Dodekaëder.

1. Maximum in der Zone der Ikositetraëder,
2. „ „ „ „ „ Triakisoktaëder,
3. „ „ „ „ „ Tetrakishexaëder.

Für alkalische Aetzung ist die Reihenfolge der Minima und Maxima die umgekehrte.

4. Zwischen der Lösungsoberfläche und den Aetzfiguren besteht ein inniger Zusammenhang. Flächen mit sehr kleinem Minimum tragen die schärfsten Aetzgrübchen; auf den Flächen, die dem grössten Zwischenmaximum entsprechen, treten Aetzhügel auf. Die Aetzzonen entsprechen den Zonen mit kleinerem Zwischenmaximum.

5. Für die tieferen, dem Vicinalbereich der geätzten Fläche entzogenen Aetzfiguren gilt der Satz, dass auf einer Fläche, in der mehrere Zonen sich kreuzen, die Seitenflächen der Aetzfiguren in den Zonen mit kleinerem Zwischenmaximum liegen.

6. Es ist ein Zusammenhang anzunehmen zwischen der Form der Lösungsoberfläche und der vorherrschenden Krystallform. Der wachsende Krystall umgiebt sich mit den Flächen kleinster Lösungsgeschwindigkeit. Dies sind aber nach der Form der Lösungsoberfläche stets primäre Flächen (h, o und d). Je nach der Art des Lösungsmittels wird die eine oder die andere Primärform das kleinste Minimum der Lösungsgeschwindigkeit besitzen und sich vorherrschend ausbilden.

7. Die Molekularstructur des Flussspaths wird durch das oktaëdrische Raumgitter von Bravais als erste Annäherung dargestellt. Darauf weist die Rolle der Oktaëderfläche, welche bei jeder Art von Aetzung zu den primären Aetzflächen gehört und ein Minimum der Lösungsgeschwindigkeit darstellt. Die mit der Art des Aetzmittels wechselnden Erscheinungen, Wechsel der Reihenfolge der Maxima und Minima, Wechsel der Aetzfelder, sind auf die Stellung der Calcium- und Fluoratome im Molekül zurückzuführen. Man darf annehmen, dass die Calciumatome mehr der Dodekaëderfläche, die Fluoratome mehr der Würfelfläche zugewandt sind.

Manche Flussspathkrystalle, welche sich gleichzeitig durch hypoparallelen Bau, also Störungen im Wachsthum, sowie durch deutliche bis starke Doppelbrechung auszeichnen, zeigen (bei Aetzung mit Säuren) anomale Aetzfiguren, d. h. solche, deren Gestalt mit der normalen Symmetrie der sie tragenden Flächen im Widerspruch steht. Dabei ist zu bemerken, dass diese Erscheinung, ebenso wie diejenige der Doppelbrechung, in gradweisen Abstufungen auftritt, sich also auch hierdurch als anomal zu erkennen gibt. Sehr schwach doppeltbrechende Flussspathe zeigen keine derartigen Anomalien. Eine Oktaëderspaltfläche von Cornwall, welche von der Nähe einer Würfelecke genommen ist und die Würfelflächen am Rande noch erkennen lässt, zerfällt nach der Aetzung in drei Sectoren, deren — übrigens nie absolut scharfe — Grenzen gegen die Würfelkanten hinlaufen. Die Aetzfiguren sind nicht mehr trisymmetrisch, sondern monosymmetrisch, jedesmal nach der Höhenlinie des betreffenden Sectors, also in den drei Sectoren um 120° gegen einander gedreht. Auch Oktaëderplatten von Derbyshire zeigen die Sectorentheilung sehr gut; eine solche Platte ist im Mikrogramm 5 wiedergegeben; man sieht daselbst Theile von zwei Sectoren mit den monosymmetrisch ausgebildeten Aetzfiguren, welche dicht gedrängt liegen (Präparat von Herrn Becke). Eine Schlifffläche nach *h* (von Cornwall), etwas unter der natürlichen Würfelfläche genommen, zeigt nach dem Aetzen ein quadratisches Mittelfeld mit tieferen, tetrasymmetrischen, und einen Saum mit flacheren, disymmetrischen Aetzfiguren (Mikrogramm 4 gibt einen Theil einer solchen Fläche nach einem Präparat von Herrn Becke wieder; die sichtbare Kante ist eine Würfelkante, man bemerkt deutlich den Unterschied von Mittelfeld und Saum). Der Saum erscheint unter Schwinden des Mittelfeldes um so breiter, je näher der Mitte des Krystalls die Schlifffläche gerückt wird. Die in Rede stehenden anomalen Flussspathkrystalle sind nach Becke aufgebaut aus kegelförmigen Theilen (Anwachskegeln), deren jeder einer Krystallfläche, meist einer Würfelfläche, als Basis entspricht und durch Ansatz von Substanz auf dieser Fläche entstanden ist. In jedem solchen Kegel herrscht in Bezug auf Aetzung eine Symmetrie, welche man erhält, wenn man zu der theoretischen Symmetrie des Krystalls die Richtung normal zur Anwachsfläche (Axe des Anwachskegels) als eine von anderen Richtungen verschiedene hinzunimmt. Hieraus folgt, dass an der natürlichen Oberfläche des Krystalls keine Anomalie beobachtet werden kann, weil hier die

Axe des Anwachskegels normal zur geätzten Fläche steht, was die Symmetrie der Fläche nicht ändert. Auf Flächen hingegen, die durch den Krystall gelegt werden, kommen die Anomalien resp. Verzerrungen der Aetzfiguren zum Vorschein, indem jede derartige Fläche in so viele Sectoren zerfällt, als sie Anwachskegel schneidet. Auf jedem Sector erscheinen die Aetzfiguren gesetzmässig verzerrt, indem sie entweder in der Richtung der Axe des Anwachskegels oder in der Ebene normal zu dieser Axe (der Anwachsfläche) abnorm vertieft erscheinen.

Was die Beziehung zwischen der optischen Anomalie des Flussspaths und der anomalen Aetzbarkeit desselben betrifft, so scheint nach den Untersuchungen Becke's zwar ein Zusammenhang zwischen beiden zu bestehen, indess gehorchen die optischen Erscheinungen doch einer anderen Symmetrie als die Erscheinungen der anomalen Aetzfiguren, so dass also die beiden Untersuchungsmethoden kein identisches Resultat geben. Dennoch glaubt Becke, dass beide Erscheinungen auf eine Grundursache zurückzuführen seien (Min. u. petrogr. Mittheilungen 11, 349).

Die erwähnten Verzerrungen der Aetzfiguren sind übrigens streng gesetzmässige insofern, als sie durch eine bestimmte Structur des betreffenden Krystalles bedingt sind. Anderseits ist man, wie schon früher bemerkt wurde, bei der Darstellung von Aetzfiguren auch häufig in der Lage, Verzerrungen unregelmässiger Art zu beobachten, welche an einzelnen Aetzfiguren in höherem oder geringerem Grade auftreten und wenigstens zur gesammten Structur der Fläche in keiner näheren Beziehung stehen.

Eine ähnliche Sectorenbildung, wie sie von Becke am geätzten Flussspath beobachtet wurde, zeigt sich nach den Untersuchungen des Verfassers auch an dem undurchsichtigen Speiskobalt nach dem Aetzen von Schliffflächen mit Salpetersäure. Dieselbe gibt sich im auffallenden Lichte durch einen mit der Richtung der Lichtstrahlen wechselnden Moirée zu erkennen. Auch hier verrathen die Aetzerscheinungen die Structur der Krystalle, welche wahrscheinlich gleichfalls auf einen hypoparallelen Bau zurückzuführen ist. Die oft recht zierliche Feldertheilung erinnerte den Verfasser schon an die ganz ähnlichen Erscheinungen, welche an vielen durchsichtigen, optisch anomalen Krystallen im parallelen polarisirten Lichte beobachtet werden (Zeitschr. f. Kryst. 12, 18).

In neuerer Zeit wurden vom Verfasser am Apatit eingehende Untersuchungen über die Abhängigkeit der Aetzfiguren (auf $0P$) von der Art und Concentration des Aetzmittels angestellt. Schon früher hatte derselbe gefunden, dass Apatit, wie auch Pyromorphit und Mimetesit, die Existenz der pyramidalen Hemiëdrie deutlich durch die Gestalt ihrer Aetzfiguren, namentlich auf $0P$ oder ∞P, verrathen. Auf der Basis des Apatits erscheinen nach dem Aetzen mit verschiedenen Säuren Eindrücke, welche einer Tritopyramide entsprechen. Die neueren Beobachtungen lehrten nun, dass die Lage dieser Tritopyramiden von der Art und Concentration der zum Aetzen angewandten Säure abhängt, indem mit der Aenderung dieser Factoren eine Drehung der Tritopyramiden um die Hauptaxe stattfindet (Näheres hierüber s. unten bei Besprechung der betreffenden Mikogramme auf Taf. III).

Aehnliche Erscheinungen beobachtete etwas später A. Bömer an den mit Flusssäure erhaltenen Aetzfiguren auf der angeschliffenen Basis des Quarzes. Er fand zunächst, dass sämmtliche Aetzfiguren auf $0R$ dieses Minerals entgegen den Angaben Leydolt's Aetzhügel (nicht Aetzgrübchen) sind[1]). Für einen rechten einfachen Quarzkrystall gelten dann nach Bömer folgende Regeln: Beim Aetzen mit verdünnter, bis ca. 20 procentiger Flusssäure entstehen Aetzfiguren von der Lage und Form sehr flacher negativer Rhomboëder. Die Flächen derselben neigen nur ungefähr 5—6° gegen die Basis. Aetzt man dagegen mit 20—50 % Säure, so entstehen Aetzfiguren von der Lage negativer linker Trapezoëder, deren Spitzen zugeschärft erscheinen durch eine äusserst flache rechte trigonale Pyramide. Nach längerer Einwirkung der 50 % Säure walten diese zuschärfenden Flächen so sehr vor, dass die trapezo-

---

1) Dieser Behauptung Bömer's in ihrer Allgemeinheit widerspricht jedoch A. C. Gill, welcher beim Aetzen einer Quarzkugel mit *HFl* an den Enden der Hauptaxe dreieckige Vertiefungen beobachtete (Zeitschr. f. Kryst. 22, 119). Freilich fanden auch Penfield und Meyer nur Aetzhügel auf den der Basis entsprechenden Stellen einer mit Flusssäure geätzten Quarzkugel (Trans. Conn. Acad. 1889, 157).

ëdrischen zum Theil gar nicht mehr zu erkennen sind. Aetzt man eine Platte mit concentrirter Flusssäure, so treten nur Aetzfiguren von der Lage rechter trigonaler Pyramiden auf. Sie sind erheblich steiler als die durch verdünnte Säure entstehenden rhomboëdrischen Aetzfiguren, ihre Neigung gegen $0R$ beträgt etwa 25°. Bei längerem Aetzen entstehen an ihren Spitzen nur vereinzelt Zuschärfungen von der Lage positiver rechter Trapezoëder. Behandelt man endlich eine Platte mit concentrirter Säure bei 100°, so entstehen Aetzfiguren von der Lage sehr flacher negativer Rhomboëder, deren Flächen gegen $0R$ unter ca. 3° geneigt sind. Hieraus ergiebt sich eine deutliche Abhängigkeit der Aetzfiguren auf $0R$ von der Concentration und zum Theil auch von der Temperatur des Aetzmittels. Dieselben drehen sich mit zunehmender Concentration der Flusssäure bei rechten Krystallen von $-mR$ durch $-\frac{mPn}{4}l$ und $\frac{mP2}{4}r$ nach $+\frac{mPn}{4}r$, erreichen aber auch bei Anwendung von concentrirter Säure in der Wärme $+mR$ nicht. Bei linken Quarzkrystallen sind die Aetzerscheinungen natürlich symmetrisch zu denen der rechten in Bezug auf $\infty P2$. — Behandelt man eine rechtsdrehende Platte, auf der sich durch verdünnte Säure flache rhomboëdrische Aetzfiguren gebildet haben, nachträglich mit concentrirter Flusssäure, so werden die vorhandenen Aetzfiguren zunächst fast weggeätzt, und die Platte wird mehr eben. Bald aber erscheinen zwischen und auf den Ueberbleibseln der alten Figuren neue, die sich nach und nach bedeutend vergrössern. Sie haben die für concentrirte Flusssäure charakteristische Lage rechter trigonaler Pyramiden. Wird diese Platte darauf nochmals einer 20 % Säure ausgesetzt, so werden die trigonalen Pyramiden nicht erst vollständig entfernt, sondern sie drehen sich allmälig, nehmen zunächst die Lage negativer linker Trapezoëder an und gehen nach und nach wieder in die Lage $-mR$ über (N. Jahrb. f. Min. etc. 1891, Beil.-Bd. 7, 516).

Eingehende Untersuchungen über die durch eine concentrirte Lösung von kohlensaurem Kali bei höherer Temperatur (150°), sowie durch Flusssäure an Quarzkrystallen hervorzurufenden Aetzfiguren stellte Molengraaff an. Die Form der mit K_2CO_3 erhaltenen Aetzeindrücke auf R ist die von Dreiecken, welche ihre Spitze der

Combinationskante $R:g$ (∞R) zuwenden. Zwei Seiten gehen den Kanten zwischen R und r parallel, die dritte ist nach links oder rechts (jenachdem der Krystall ein rechter oder linker ist) gegen die Kanten $R:g$ geneigt und bildet damit einen Winkel von 1—2½°. Bei der Aetzung mit Flusssäure entstehen auf R, wie schon Leydolt fand, Eindrücke von der Gestalt nach $R:g$ gestreckter Dreiecke (oder Vierecke), welche nach derjenigen Polkante hin zugespitzt sind, wo die Fläche s $\left(\frac{2P2}{4}\right)$ nicht liegt. Hinsichtlich der weiteren bezüglichen Angaben sei auf die Abhandlungen Molengraaff's[1]) verwiesen (Zeitschr. f. Kryst. **14**, 173 u. **17**, 137), betreffs seiner Beobachtungen über die Prärosionsflächen des Quarzes s. unten Datolith.

Besonders interessant sind die schon früher von O. Meyer und S. L. Penfield (l. c.), neuerdings von A. C. Gill (Zeitschr. f. Kryst. **22**, 110) am Quarz angestellten Aetzversuche, bei welchen eine aus diesem Mineral hergestellte Kugel der corrodirenden Einwirkung von Flusssäure resp. kohlensauren Alkalien ausgesetzt wurde, um so die relative Geschwindigkeit zu ermitteln, mit welcher das Aetzmittel nach verschiedenen Richtungen die Krystallmasse angreift, ebenso wie es von Becke am Magnetit geschehen war. Meyer und Penfield ätzten eine Quarzkugel mit Flusssäure. Dabei zeigte sich, dass die Aetzung in der Richtung der Hauptaxe am raschesten fortschritt. Nach zwei Wochen war die Abflachung der Kugel in der Richtung jener Axe deutlich hervortretend, während am Aequator drei rhombische Felder entstanden waren mit geneigten Seiten, deren Mittelpunkt das Ende je einer Nebenaxe anzeigt (pyroelektrisch nachgewiesen). Nach sechswöchentlicher Einwirkung der Säure war die Abflachung der Kugel in der Richtung der Hauptaxe so gross,

1) Molengraaff bedient sich folgender Bezeichnungen. Er nennt innere Aetzflächen diejenigen Flächen, welche jede Aetzvertiefung ringsum begrenzen, im Gegensatz zu den Abstumpfungen, welche bei der Aetzung an den Krystallkanten entstehen und welche er einfach Aetzflächen nennt. Als Seiten der Aetzfigur bezeichnet er die Kanten, in welchen die inneren Aetzflächen und die geätzte Fläche des Krystalls einander schneiden. Aeussere Aetzflächen nennt er die Flächen, welche einen Aetzhügel begrenzen; Seiten der Aetzhügel sind die Kanten, in welchen die äusseren Aetzflächen die geätzte Krystallfläche, auf welcher die betreffenden Aetzhügel erscheinen, schneiden.

dass die letztere auf weniger als die Hälfte der ursprünglichen Länge reducirt war, während seitlich über den drei rhombischen Feldern die Einwirkung eine viel geringere war und kaum hinreichte, um die ursprüngliche Politur der Kugel zu zerstören. Ganz ähnliche Beobachtungen machte Gill bei Anwendung von Flusssäure, jedoch erweiterte er dieselben durch Aetzen einer anderen Quarzkugel mit einer Lösung von kohlensaurem Kali (bei 200—225°) und durch genaue Messung der Dickenabnahme der Kugel nach verschiedenen Richtungen. So fand er folgende Verkürzungen der Radien:

a) nach der Aetzung mit Flusssäure.

	mm	Abnahme
Ursprünglicher Radius . .	7,758	—
Radius ⊥ auf $0R$ . . .	6,775	0,983
„ „ „ $+R$ . . .	7,352	0,406
„ „ „ $-R$ . . .	6,951	0,807
„ „ „ ∞R . . .	7,752	0,006
„ „ „ $\infty P2$ 1) . . .	7,756	0,002
„ „ „ $\infty P'2$ 2). . .	7,742	0,016

1) antilog, an *s* liegend; 2) analog, nicht an *s* liegend.

b) nach der Aetzung mit kohlensaurem Kali.

	mm	Abnahme
Ursprünglicher Radius . .	7,170	—
Radius ⊥ auf $0R$ . . .	6,936	0,234
„ „ „ $+R$ . . .	6,854	0,316
„ „ „ $-R$ . . .	6,923	0,247
„ „ „ ∞R . . .	7,136	0,034
„ „ „ $\infty P2$ . . .	7,113	0,057
„ „ „ $\infty P'2$ . . .	7,054	0,116

Die beiden letzten Messungen zeigen jedesmal, was von vornherein zu erwarten war, dass die beiden Enden der (hemimorphen) Nebenaxen ungleich löslich sind. Dann aber ist bei Flusssäure, entsprechend dem schon oben Mitgetheilten, die Abnahme senkrecht zu $0R$ am grössten, senkrecht zu ∞R sehr gering; ferner bei $+R$ halb so gross wie bei $-R$. Bei kohlensaurem Kali ist zwar gleichfalls die Abnahme bei $0R$ weit grösser als bei ∞R, bei $-R$ jedoch kleiner als bei $+R$.

Schon früher (1878) hatte der Verfasser gefunden, dass beim Aetzen von Quarzkrystallen mit geschmolzenem Aetzkali, welches in seiner Wirkung offenbar dem kohlensauren Kali nahe kommen muss, ebenfalls die Flächen $+R$ stärker angegriffen werden, als die Flächen $-R$. Beim Aetzen von solchen Krystallen, welche aus zwei nach dem gewöhnlichen Gesetze verwachsenen Individuen gleicher Art bestehen, und wo die beiderseitigen $+R$ und $-R$ in ein Niveau fallen, beobachtet man nach dem Aetzen mit KHO ein deutliches Hervorragen der Theile von $-R$ über solche von $+R$ (Zeitschr. f. Kryst. 2, 117).

Hier sind auch die interessanten Versuche zu erwähnen, welche Hamberg (1890) über den Einfluss angestellt hat, den die Concentration des Aetzmittels auf die Umgestaltung eines Krystalls beim Aetzen ausübt. Er bediente sich dabei als Material des Kalkspaths, als Aetzmittel der Salzsäure und zog es vor, anstatt Kugeln aus den Krystallen verfertigte orientirte Cylinder der Einwirkung der Säure auszusetzen. Bei der Aetzung eines solchen Cylinders ist es nach Hamberg nicht schwierig, ein genaues Resultat zu erhalten, wenn man nur die Cylinderaxe völlig vertical stellt. Alle in einer Horizontalebene gelegenen Punkte auf dem Cylinder müssen dann gegenüber den Strömungen in der Lösung sich ungefähr gleich verhalten, und die Lösungsverhältnisse des Krystalls nach verschiedenen Ebenen der zu untersuchenden Zone dürften daher in einem horizontalen Durchschnitt von diesen Strömungen ziemlich ungestört hervortreten. Mehrere Cylinder von isländischem Kalkspath, deren Axe der Zonenaxe $\infty R : R : 0R : -\frac{1}{2}R$ parallel war, wurden mit Salzsäure von verschiedener Concentration behandelt. Der mit sehr verdünnter Säure (etwa 0,25 % HCl enthaltend) während 23 Stunden geätzte gab das überraschende Resultat, dass die Lösung in allen Punkten derselben Horizontalebene mit ungefähr derselben Geschwindigkeit stattgefunden hatte, die cylindrische Form war also beibehalten. Ein zweiter Cylinder wurde mit 8 % Säure 3 Minuten geätzt, wonach das Resultat ein ganz anderes war, indem die cylindrische Form in eine prismatische Combination von ziemlich ebenen Flächen übergegangen war. Die Lösung hatte hauptsächlich nach den Flächen $2R$, $\frac{1}{4}R$, $-\frac{1}{4}R$ und $-R$ stattgefunden, während z. B. die an den Kalkspathkrystallen häufigen Flächen ∞R, R und $-2R$

offenbar einen verhältnissmässig grossen Widerstand geleistet hatten. Ein dritter, gleichfalls mit 8 % Säure, aber während 10 Minuten geätzter Cylinder nahm natürlich mehr an Grösse ab, zeigte aber im wesentlichen dieselben Flächen wie der vorige. Die Thatsache, dass erst bei Anwendung einer ziemlich concentrirten Säure die Verschiedenheit der Lösungsgeschwindigkeit deutlich hervortritt, ergab sich auch aus ferneren Versuchen, welche Hamberg mit orientirt geschliffenen Platten anstellte. Beim Aetzen eines ganzen Kalkspath-Rhomboëders mit Salzsäure verschiedener Concentration zeigte sich (aus der jedesmaligen Bestimmung der Gewichtsabnahme), dass der Kalkspath von einer Säure, welche weniger als 5 % *HCl* enthält, relativ schwach angegriffen wird, und dass die Einwirkung dieser Säure, wenn man sie verdünnt, verhältnissmässig noch viel mehr abgeschwächt wird. So wird z. B. von einem Aetzmittel, das $\frac{1}{50}$ Vol. 25procentiger Säure enthält, in 10 Minuten viel weniger gelöst, als in einer Minute von einer $\frac{1}{5}$ Vol. 25procentiger Säure enthaltenden Lösung. Wenn man aber stärkere Lösungen anwendet, so ist das Verhältniss umgekehrt; eine doppelt so starke Säure löst alsdann nicht doppelt so viel als eine schwächere Säure in derselben Zeit, sondern viel weniger, und wenn man concentrirte Säuren (über 25 %) anwendet, nimmt die Geschwindigkeit mit der wachsenden Concentration sogar ab.

Indem Hamberg von der Annahme ausgeht, dass in den wässrigen *HCl*-Lösungen der Chlorwasserstoff mehr oder weniger in seine Jonen *H* und *Cl* gespalten sei und ferner, dass es nur die freien Jonen seien, welche auf den Kalkspath reagiren, findet er es erklärlich, dass die concentrirten Salzsäurelösungen verhältnissmässig schwächer einwirken, als die verdünnten. »Denn in diesen ist immer eine verhältnissmässig grössere Quantität *HCl* in ihre Jonen gespalten, als in jenen. Man kann hieraus schliessen, dass bei der Anwendung von starker Salzsäure der Kalkspath in jedem Moment nicht nur von Jonen *H* und *Cl*, sondern auch von Molekülen *HCl* umgeben ist. Wenn die *Cl*-Jonen verbraucht sind, indem sie in Relation zu *Ca*-Jonen getreten sind, werden diese *HCl*-Moleküle ihrerseits in ihre Jonen gespalten. Die Lösung kann demnach von der Diffusion der *HCl*-Moleküle ziemlich ungehindert fortschreiten. Bei der Aetzung eines Kalkspathcylinders mit starker Säure schreitet die Lösung daher hauptsächlich nach denjenigen Richtungen fort, welche den geringsten Widerstand darbieten. Beim Aetzen mit schwacher Säure wird die Aetzung durch die Langsamkeit der Diffusion sehr gehemmt, die in allen Richtungen um den Cylinder hervortritt und sich geltend macht. Wenn einmal die Lösung in denjenigen Richtungen, welche den geringsten Widerstand darbieten, einen kleinen Vorsprung bekommen hat, so wird dieselbe bald verringert, weil die *Cl*-Jonen dann einen längeren Weg zurücklegen müssen, und umgekehrt, wenn an einer Stelle eine Kante gebildet wird, so wird dieselbe wieder verhältnissmässig leicht gelöst, weil sie in die Flüssigkeit länger hinausragt und die *Cl*-Jonen einen verhältnissmässig kurzen Weg zurückzulegen haben. Da der Kalkspath in keiner Richtung unangreifbar ist, so wird sich bald an jedem Punkt rund um den Cylinder eine Art Gleichgewichtszustand bilden, der nicht nur von der relativen Leichtlöslichkeit des Kalkspathes in verschiedenen Richtungen, sondern auch von der Diffusionsgeschwindigkeit der *H*- und *Cl*-Jonen in der Lösung abhängt. Der Einfluss des letzten Factors wird bei grösseren Verdünnungen der Säure sehr vorherrschend« (Geol. Fören. i Stockholm Förhandl. 12, 617).

Von hervorragender Bedeutung ist die Frage nach der Beziehung, in welcher die auf gleiche Weise (mit demselben Aetzmittel etc.) erhaltenen Aetzfiguren isomorpher Körper zu einander stehen. Schon vor einer Reihe von Jahren machte der Verfasser bezügliche Beobachtungen an folgenden Reihen:

1. Thonerdekalialaun, Chromkalialaun, Eisenkalialaun[1];
2. schwefelsaures Nickeloxydul-Kali, schwefelsaures Nickeloxydul-Ammoniak, schwefelsaures Eisenoxydul-Ammoniak[2];

1) Sitzungsber. d. k. bayr. Akad. d. Wiss., math.-phys. Classe, 1874, 1; vergl. auch Klocke, Zeitschr. f. Kryst. 2, 126.

2) Pogg. Ann. 150, 619.

3. Kalkspath, Eisenspath[1]) (fernere Beobachtungen am Kalkspath, Dolomit, Magnesit und Eisenspath rühren von K. Haushofer[2]) und G. Tschermak[3]) her);
4. Apatit, Mimetesit, Pyromorphit, Vanadinit[4]).

Dabei ergab sich, dass jedesmal die Glieder der ersten und zweiten Reihe, mit Wasser geätzt, gleiche oder doch sehr ähnliche Aetzfiguren zeigten, während diejenigen der dritten und vierten Reihe beim Aetzen mit Säuren mehr oder weniger bedeutende Abweichungen unter einander aufwiesen.

Der Verfasser sprach sich hierüber folgendermassen aus: »Von vorn herein liess sich erwarten, dass isomorphe Körper auch hinsichtlich ihrer Aetzfiguren übereinstimmen würden. Dies ist jedoch nicht immer der Fall, und man kann hiernach zwei Arten von isomorphen Körpern unterscheiden. Die Krystalle der ersten Art zeigen auf entsprechenden Flächen dieselben Aetzfiguren nach Gestalt und Lage, bei denjenigen der zweiten Art hingegen unterscheiden sich die Aetzfiguren analoger Flächen namentlich durch ihre Lage von einander. Zu der ersten Gruppe gehören z. B. Thonerdekalialaun, Chromkalialaun und Eisenkalialaun, ferner schwefelsaures Nickeloxydul-Kali, schwefelsaures Nickeloxydul-Ammoniak und schwefelsaures Eisenoxydul-Ammoniak. Zur zweiten Gruppe sind zu rechnen Calcit, Dolomit und Siderit, indem die beiden letzteren auf dem Hauptrhomboëder die umgekehrte Lage der mit Salzsäure erhaltenen dreiseitigen Vertiefungen aufweisen wie der Calcit. Mit dem gleichen oder ungleichen Verhalten isomorpher Körper hinsichtlich ihrer Aetzfiguren stimmt auch der namentlich von v. Kobell (Sitzungsber. d. k. bayr. Akad. d. Wiss. 1862, Bd. 1) und K. Haushofer (l. c.) beobachtete gleiche oder ungleiche Asterismus der betreffenden geätzten Flächen überein. So sagt z. B. v. Kobell: » Kalialaun, Ammoniak- und Chromalaun

1) Pogg. Ann. 145, 461.

2) Ueber den Asterismus und die Brewster'schen Lichtfiguren am Calcit, München 1865.

3) Min. u. petrogr. Mittheilungen 4, 99.

4) Sitzungsber. d. k. bayr. Akad. d. Wiss., math.-phys. Classe, 1875, 2, 169; Neues Jahrb. für Min. etc. 1876, 411; Sitzungsber. d. k. Akad. d. Wiss. Berlin, 1887, 863 u. 1890, 447.

verhielten sich (bezüglich ihres Asterismus) ganz gleich. — Die isomorphen Verbindungen: schwefelsaures Nickeloxydul-Ammoniak, schwefelsaures Eisenoxydul-Ammoniak, schwefelsaures Nickeloxydul-Kali und das entsprechende Kobaltsalz verhielten sich der schwefelsauren Ammoniak-Magnesia ganz ähnlich.« Auch auf die Verschiedenheit der Asterien bei Calcit, Dolomit und Siderit machte v. Kobell aufmerksam. Der Calcit giebt beim Aetzen mit Salzsäure auf *R* dreiseitig-gleichschenklige Vertiefungen, welche ihre Spitze der Rhomboëderpolecke zuwenden, bei Siderit und Magnesit hingegen wenden die sehr spitzen gleichschenklig-dreiseitigen Eindrücke der genannten Ecke ihre Basis zu. Die Aetzfiguren auf *R* des Dolomits sind hingegen, wie zuerst Beobachtungen von Haushofer und Tschermak (l. c.) lehrten, völlig asymmetrisch und weisen auf die rhomboëdrische Tetartoëdrie hin. Der Dolomit ist also nicht isomorph mit Calcit, Siderit und Magnesit (näheres hierüber s. unten bei Besprechung der Mikrogramme 17—20). Nun hat aber in neuester Zeit W. Retgers die Ansicht aufgestellt, dass der Calcit mit Siderit und Magnesit gleichfalls nicht isomorph sei. Ohne dass hier auf die Begründung dieser Ansicht näher eingegangen werden soll, sei doch darauf hingewiesen, dass dieselbe in dem abweichenden Verhalten des Calcits gegenüber Siderit und Magnesit beim Aetzen mit Salzsäure eine weitere Stütze erhält.

In einer ganz ähnlichen Beziehung, wie die Verbindungen des Calciums zu den entsprechenden des Magnesiums und Eisens, stehen diejenigen des Natriums zu denen des Kaliums und Ammoniums. Sie sind — wenigstens im allgemeinen — mit diesen nicht durch Isomorphismus verbunden. Wenngleich z. B. Chlornatrium ebenso wie Chlorkalium und Chlorammonium im regulären System krystallisirt, so hat sich doch durch die Untersuchung der Aetzfiguren des Sylvins (KCl) und des Salmiaks durch R. Brauns (Neues Jahrb. f. Min. etc. 1889, 1, 113) und G. Tschermak (Min. u. petr. Mitth. 4, 531) gezeigt, dass — während Chlornatrium holoëdrisch ist — die beiden anderen Salze gyroëdrisch-hemiëdrisch krystallisiren. Auch dieses Beispiel zeigt die Bedeutung der Aetzfiguren für die Entscheidung der Frage nach dem etwaigen Vorhandensein oder Fehlen einer Isomorphie.

Die vierte isomorphe Gruppe, welche der Verfasser schon früher

(1876) auf ihre Aetzfiguren prüfte, umfasst die Glieder Apatit, Mimetesit, Pyromorphit und Vanadinit. Beim Aetzen derselben mit verdünnter Salpetersäure ergab sich, dass der Apatit auf $0P$ und ∞P, der Pyromorphit (wenigstens in gewissen Vorkommen) und der Mimetesit hingegen nur auf ∞P deutlich hemiëdrisch ausgebildete Aetzfiguren zeigten, während auf $0P$ der beiden letzteren scheinbar holoëdrische (einer Protopyramide angehörige) Eindrücke auftraten. Am Vanadinit, von welchem damals nur sehr kleine Krystalle geprüft werden konnten, wurde kein sicheres Resultat erhalten. Es ist indess zu bemerken, dass (nach den neuesten vom Verfasser am Apatit gemachten Erfahrungen) die Möglichkeit sehr nahe liegt, dass bei weiteren Versuchen mit anderen Concentrationsgraden von HNO_3 (resp. mit anderen Säuren) auch auf $0P$ des Pyromorphits und Mimetesits, sowie auf den Flächen des Vanadinits hemiëdrische Aetzfiguren erhalten werden. Diese Vermuthung wurde zum Theil schon bestätigt durch die Ergebnisse neuerdings vom Verfasser am rothen Vanadinit von Arizona angestellter Versuche. Während concentrirte und stark verdünnte Salpetersäure keine oder wenig gute, die Hemiëdrie nicht anzeigende Aetzfiguren auf ∞P lieferte, erhielt der Verfasser mit mässig verdünnter Säure sowohl auf ∞P sehr bestimmt hemiëdrisch ausgebildete Eindrücke, als auch auf $0P$ sechsseitige Aetzfiguren, welche einer Tritopyramide entsprechen. Es bedurfte allerdings zahlreicher Vorversuche, ehe der zur Erzeugung guter Eindrücke nothwendige Concentrationsgrad der Säure herausgefunden war. Die Aetzung durfte zudem nur wenige Secunden dauern.

Dass, wie aus den neueren Beobachtungen des Verfassers hervorgeht, die Lage der auf $0P$ des Apatits erscheinenden, einer Tritopyramide entsprechenden Vertiefungen sich mit der Art und Concentration des Aetzmittels ändert, ja wohl diejenige einer Protopyramide als Grenzform passiren kann, zeigt nur, wie sehr bei Aetzversuchen, sollen sie zu allgemeineren Schlüssen benutzt werden, auf die Bedingungen zu achten ist, unter denen die Aetzung geschieht; nicht aber kann dadurch der Werth der Aetzmethode selbst vermindert werden. So ist es wohl für den Sachverständigen kaum nothwendig, besonders darauf hinzuweisen, dass die Beweiskraft der Aetzfiguren für das Vorhandensein einer Hemiëdrie durch den

Umstand nicht berührt wird, dass dieselben unter Umständen eine Form resp. Lage annehmen können, welche, durch die Hemiëdrie an sich nicht ausgeschlossen, nur eine scheinbar holoëdrische (einer Grenzform entsprechende) ist.

A. Arzruni gelangte auf Grund der oben angeführten, vom Verfasser beim Aetzen der Apatitgruppe früher gefundenen Thatsachen zu folgenden Sätzen: »Wenn die Aetzfiguren auch ihre Bedeutung zur Ermittelung der Symmetrieverhältnisse der Krystalle im wesentlichen behalten dürften, so ist nicht ausser Acht zu lassen, dass isomorphe Körper, vermöge der Verschiedenheit der Eigenschaften ihrer entsprechenden Componenten, ungleiche Löslichkeit gegenüber einem und demselben Lösungsmittel zeigen, also unter absolut gleichen Bedingungen einer Aetzung ausgesetzt, naturgemäss ungleichwerthige, mit einander nicht vergleichbare Ergebnisse liefern müssen. Dadurch allein erklärt es sich, dass die Mineralien der Apatitgruppe, wenn auch mit einander isomorph, keine analogen Aetzfiguren zeigen« (Physikalische Chemie der Krystalle, Braunschweig 1893, 162 u. f.). Arzruni glaubt, man dürfe die Aetzfiguren zur Entscheidung über das Vorhandensein einer Isomorphie nicht in Anspruch nehmen[1]).

---

1) Nach der neuesten, oben mitgetheilten Beobachtung des Verfassers am Vomadinit muss man die an den einzelnen Gliedern der Apatitgruppe beobachteten Aetzfiguren dennoch im ganzen als analog bezeichnen, da sie für jedes einzelne Glied dieser Gruppe den Nachweis der pyramidalen Hemiëdrie gestatten. — In Folge eines zwischen Herrn Arzruni und dem Verfasser stattgefundenen Briefwechsels, in welchem der letztere die weiter unten ausgeführten Gedanken entwickelte, erklärte Herr Arzruni u. a.: »Die Anwendbarkeit der Aetzmethode zu Beurtheilung des Isomorphismus in der von Ihnen erläuterten Form muss ich zugeben.« — Arzruni weist (l. c.) auch auf die von Becke an mehreren Mineralien, insbesondere am Flussspath nachgewiesenen Fälle einer geringeren Symmetrie der Eindrücke im Vergleich mit derjenigen des Baues des betreffenden krystallisirten Körpers, also auf die sogen. anomalen Aetzfiguren hin und bemerkt, dass dieselben das Ergebniss der Untersuchung erheblich trüben und die Aetzfiguren als Erkennungsmittel der Symmetrieverhältnisse eventuell auch unbrauchbar machen können. Darauf ist zu bemerken, dass die anomalen Aetzfiguren namentlich an solchen Krystallen auftreten, welche sich auch durch andere Anomalien, wie optische Störungen oder hypoparallelen Bau als abnorm gebildet zu erkennen geben, wie dies namentlich die bezüglichen Beobachtungen Becke's am Fluorit zeigen. Die Aetzfiguren geben somit in jedem Falle ein Bild der factischen Structurverhältnisse.

Diesen Bemerkungen und Einwänden gegenüber ist es angezeigt, die Frage nach der Beziehung der Aetzfiguren zum Isomorphismus etwas allgemeiner zu behandeln. Es sei hier in Kürze auf ein paar Gesichtspunkte hingewiesen.

Hinsichtlich der Entstehung der Aetzfiguren an Krystallen sind folgende zwei Fälle zu unterscheiden:

1. Das Aetzmittel (hier eine Flüssigkeit) wirkt nur lösend auf den Krystall ein, so dass dessen Substanz beim Aetzen keine Veränderung erleidet (Beispiel: Aetzen eines löslichen Salzes mit Wasser);
2. das Aetzmittel (eine Flüssigkeit oder ein Gas) wirkt zunächst chemisch auf die Krystallsubstanz ein und dann in der Regel lösend auf die entstandenen Producte der chemischen Einwirkung (Beispiel: Aetzen von Metallen oder in Wasser unlöslichen Verbindungen, wie Kalkspath, Flussspath etc. mit Säuren).

ad 1. Handelt es sich um wirklich isomorphe Krystalle, so wird im ersten Falle, wo nur eine Ablösung der Moleküle durch das Aetzmittel stattfindet, zu erwarten sein, dass die auf den entsprechenden Flächen unter sonst gleichen Bedingungen hervorgerufenen Aetzfiguren von gleicher oder doch sehr ähnlicher Ausbildung sein werden. Denn wenn auch die Löslichkeit z. B. isomorpher Salze in Wasser eine absolut verschiedene ist, so wird doch das Verhältniss der Löslichkeit nach verschiedenen Richtungen bei denselben ein analoges sein, oder, anders ausgedrückt, die Lösungsoberflächen (nach Becke) derselben werden eine ähnliche Gestalt besitzen. Von der Form der Lösungsoberfläche hängen aber die auf den verschiedenen Krystallflächen durch das betreffende Lösungsmittel hervorzurufenden Aetzfiguren ab. Haben sich die isomorphen Krystalle aus derselben Flüssigkeit ausgeschieden, so ist ja auch in der Regel ihr Habitus ein gleicher oder sehr ähnlicher, was darauf zurückzuführen ist, dass diejenigen Flächen, zu welchen senkrecht die Löslichkeit eine verhältnissmässig geringe ist, und die sich deshalb an den Krystallen zuerst ausbilden, bei den isomorphen Substanzen gleicher Art sind.

Der Erwartung, dass isomorphe Körper beim Aetzen mit einer Flüssigkeit, in welcher sie sich unverändert auflösen, gleiche oder sehr ähnliche Aetzfiguren zeigen, entsprechen nun in der That die verschiedenen Alaune (soweit sie bisher untersucht wurden), sowie die Doppelsulfate: schwefelsaures Nickeloxydul-Kali und -Ammoniak, schwefelsaures Eisenoxydul- und Magnesia-Ammoniak beim Aetzen mit H_2O. Es ist wünschenswerth, dass auch noch andere isomorphe Reihen in dieser Hinsicht geprüft würden. Anderseits wäre es von Bedeutung, Mischkrystalle isomorpher Substanzen von verschiedener Zusammensetzung zu ätzen und die Resultate zu vergleichen. Es würde wahrscheinlich auch hierbei das von Retgers aufgestellte Gesetz bestätigt werden, nach welchem die physikalischen Eigenschaften der Mischkrystalle continuirliche Functionen ihrer chemischen Zusammensetzung sind.

ad 2. In mancher Beziehung ein noch grösseres Interesse bietet der zweite Fall, wo beim Aetzen nach einander eine chemische und dann (in der Regel) eine lösende Wirkung des Aetzmittels stattfindet. Hier wird zu erwarten sein, dass bei isomorphen Körpern die durch dasselbe Aetzmittel und unter gleichen sonstigen Bedingungen (in Bezug auf Temperatur und Concentration des Aetzmittels, sowie Dauer der Aetzung) erhaltenen Aetzerscheinungen in dem Maasse von einander abweichen werden, als die einander vertretenden Componenten der betreffenden Substanzen in ihrem chemischen Verhalten von einander verschieden sind. Je geringer diese Verschiedenheit ist, um so ähnlicher werden die Aetzerscheinungen sein. Magnesit und Siderit geben beim Aetzen mit Salzsäure auf R sehr ähnliche Aetzfiguren; etwas grössere Differenzen (soweit die bisherigen Beobachtungen beurtheilen lassen) scheinen bei den Gliedern der Apatitreihe: Apatit, Pyromorphit, Mimesetit und Vanadinit aufzutreten. Vergleicht man Siderit und Magnesit, so findet man im letzteren nur eine Ersetzung von Fe durch Mg, während bei den Gliedern der Apatitreihe, wie die Formeln $Ca_5P_3O_{12}(F,Cl)$, $Pb_5P_3O_{12}Cl$, $Pb_5As_3O_{12}Cl$ und $Pb_5V_3O_{12}Cl$ zeigen, grössere Unterschiede in der chemischen Constitution bestehen. Um hier den mit der Aenderung der chemischen Zusammensetzung eintretenden Wechsel in der Ausbildung der Aetzfiguren genauer beurtheilen zu können, dazu wäre es nothwendig, umfangreichere Versuche anzustellen. Dieselben würden in diesem wie in anderen Fällen gleichzeitig zur Erkenntniss der Beziehungen führen, welche zwischen morphotropen Substanzen (denn als solche kann man ja auch die Glieder einer isomorphen Reihe betrachten) hinsichtlich ihrer Aetzerscheinungen herrschen. Unsere Kenntniss der Krystallstructur würde ohne Zweifel durch derartige Untersuchungen wesentlich gefördert werden.

In jüngster Zeit war Verfasser (in Folge gütiger Zusendungen seitens der Herren Retgers und Muthmann) in der Lage, noch einige Beobachtungen an Krystallen isomorpher Salze sowie an Mischkrystallen solcher Stoffe anzustellen. Zunächst prüfte er die Aetzfiguren bei KH_2PO_4, AmH_2PO_4, KH_2AsO_4 und AmH_2AsO_4, erhalten durch Aetzen mit Wasser. Diese quadratisch krystallisirenden Salze zeigen nach bisheriger Auffassung lediglich das Protoprisma $p = \infty P$ und die Grundpyramide $o = P$. Es ergab sich nun, dass auf p bei KH_2PO_4 und KH_2AsO_4 keine dem holoëdrischen Protoprisma entsprechende Aetzfiguren auftreten, sondern dass dieselben sehr bestimmt unsymmetrisch gestaltet sind. Fig. 1 zeigt die auf p des erstgenannten Salzes beobachteten Aetzfiguren; mit denselben sind die auf p von KH_2AsO_4 auftretenden sehr nahe übereinstimmend, wohl fast identisch. Die Form und Lage dieser Eindrücke entspricht nicht der holoëdrischen, sondern der sphenoidisch-hemiëdrischen Ausbildung des quadratischen Systems. Dann aber wird p statt zu ∞P zum Deuteroprisma $\infty P\infty$ (dementsprechend ist auch die Stellung der Figur gewählt), und o wird statt zur Grundpyramide zu einer Deuteropyramide $P\infty$. Auf o erscheinen dreiseitige Vertiefungen, von drei verschiedenen Aetzflächen gebildet, welche demnach nach rechts und links unsymmetrisch und auf den benachbarten Flächen resp. oben und unten der sphenoidischen Hemiëdrie entsprechend gelegen sind. In Fig. 1 sind jedoch auf o nicht die Aetzfiguren von KH_2PO_4, sondern die (im allgemeinen sehr ähnlichen) von AmH_2PO_4 gezeichnet, weil die letzteren am deutlichsten die auf sphenoidische Hemiëdrie hinweisende Unsymmetrie zeigen. Indess ist auf den Pyramidenflächen von KH_2PO_4 und KH_2AsO_4 ebenfalls häufig diese nach rechts und links ungleiche Ausbildung der Aetzfiguren gut wahrzunehmen, bei dem

Fig. 1.

ersteren Salze wieder bestimmter als bei dem letzteren. Auf *o* des Salzes AmH_2AsO_4 konnten wegen Mangels an geeigneten Krystallen keine Beobachtungen angestellt werden. Während nun für die beiden Kalisalze ohne Zweifel die sphenoidische Hemiëdrie gilt, beobachtete der Verfasser auf *p* der Ammoniumsalze Erscheinungen, welche vielleicht auf eine noch weniger symmetrische Entwicklung hindeuten. Diese Salze geben auf den Prismenflächen nur bei sorgfältigster Aetzung (Ueberstreichen mit einem wenig feuchten Tuche) und dann auch meist viel weniger gute Aetzfiguren als die Kalisalze, auch sind dieselben, wenn deutlicher entwickelt, wesentlich von denen der letzteren verschieden. Es findet hier also ein auffallender Unterschied zwischen dem Verhalten der Prismen- und der Pyramidenflächen statt, da ja auf letzteren (wenigstens bei AmH_2PO_4) ganz ähnliche Aetzfiguren wie bei den Kalisalzen auftreten. Die Aetzfiguren auf *p* der beiden Ammoniumsalze erscheinen häufig als gerade Trapeze, deren beide parallele Seiten der Kante $p:o$ parallel gehen. Oft auch sind die Eindrücke durch einseitiges Hinzutreten weiterer Flächen gänzlich unsymmetrisch gestaltet, wobei sie jedoch nicht der sphenoidischen Hemiëdrie entsprechen, da sie nicht nach einer Drehung um 180° in der Ebene von *p* wieder in gleicher Lage sich befinden. Eine Deutung dieser Erscheinungen könnte die Annahme liefern, dass hier zu der sphenoidischen Hemiëdrie Hemimorphismus nach der Hauptaxe hinzutrete. Zuweilen liegen die trapezförmigen Aetzfiguren nicht auf allen Prismenflächen gleich, indem sie z. B. nur auf drei Flächen die breitere, auf der vierten jedoch die schmälere der parallelen Seiten derselben Polecke des Krystalls zuwenden. Auch treten wohl die Aetzfiguren an verschiedenen Stellen einer und derselben Prismenfläche in ungleicher Lage auf. Es würde hier also eine Zwillingsbildung nach $0P$ anzunehmen sein, welche den Hemimorphismus gleichsam wieder auszugleichen strebt. Es ist jedoch zu bemerken, dass die Aetzfiguren auf den, an den entgegengesetzten Enden der Hauptaxe gelegenen Pyramidenflächen bei AmH_2PO_4 keinerlei Unterschied in der Ausbildung erkennen lassen, wie es doch bei Vorhandensein des Hemimorphismus zu erwarten wäre. Jedenfalls verdienen die Aetzfiguren auf *p* der beiden Ammoniumsalze, wenngleich sie nur sehr schwierig gut zu erhalten sind, weitere eingehende Untersuchung. Es wird sich dabei ergeben, ob die genannten Salze mit den entsprechenden Kaliumsalzen wirklich isomorph sind, oder ob die Kaliumsalze zwar der sphenoidischen Hemiëdrie, die Ammoniumsalze hingegen ausserdem noch dem Hemimorphismus nach der Hauptaxe gehorchen, eine Frage, deren Entscheidung für die Kenntniss des Isomorphismus zwischen *K* und *Am* (in den verschiedenen Verbindungen) von besonderer Bedeutung wäre.

Ferner stellte der Verfasser vergleichende Beobachtungen der durch Wasser hervorgerufenen Aetzfiguren auf *O* von Thonerdekali- und Thonerdethalliumalaun sowie von Mischkrystallen beider an. Dabei ergab sich, dass bei dem ersteren Salze die vertiefte Ecke der bekannten dreiseitigen, auf Triakisoktaëder zurückzuführenden Eindrücke häufig (namentlich nach wiederholtem Aetzen) durch eine zu *O* parallele Fläche abgestumpft ist, dass man aber eine Abstumpfung der vertieften Kanten nur selten und vereinzelt wahrnimmt. Eine solche Abstumpfungsfläche liegt in der Zone $O : \infty O \infty$ und verläuft wohl stets schief zur Kante, indem sie von der vertieften Ecke ausgehend die Peripherie des Eindrucks nicht erreicht. Diese Abstumpfung scheint an das Vorhandensein der die Ecke abstumpfenden Oktaëderfläche geknüpft zu sein; wahrscheinlich wird ihr Auftreten hierdurch erst eingeleitet. Die Asterie im reflectirten Lichte ist ein dreistrahliger Stern, dessen Strahlen gegen die vertieften Kanten der Eindrücke umgekehrt liegen. Beim Thalliumalaun erscheinen zwar oft die dreiseitigen Aetzfiguren ohne irgend welche Abstumpfung der Ecken und Kanten sehr scharf; wenn jedoch die Fläche *O* hinzutritt, so knüpft sich daran sehr gewöhnlich eine Abstumpfung der vertieften Kanten, und zwar ist dieselbe meist eine gerade. Die Asterie ist ein sechsstrahliger Stern, welcher zu den oben erwähnten drei helleren Strahlen drei schwächere, auf die Abstumpfung der vertieften Kanten zurückzuführende Zwischenstrahlen besitzt. Die Mischkrystalle (wahrscheinlich von ungleicher Zusammensetzung) zeigen häufig Abstumpfung der vertieften Ecke, selten eine solche der vertieften Kanten. Die letztere ist entweder schief und kurz, ähnlich wie bei Kalialaun, oder gerade resp. fast gerade wie bei Thalliumalaun. Bei einzelnen Krystallen tritt die Abstumpfung der Kanten häufiger auf. Die Asterie ist ein dreistrahliger Stern (die Zwischenstrahlen sind wohl zu schwach entwickelt). Die Mischkrystalle nehmen also in diesem Verhalten eine Mittelstellung zwischen den beiden reinen Endgliedern ein.

Endlich wurden noch Beobachtungen angestellt auf ∞P und $0P$ der monoklinen Salze $MgSO_4 + Am_2SO_4 + 6aq$, $FeSO_4 + K_2SO_4 + 6aq$, sowie von Mischkrystallen $[(MgSO_4 + Am_2SO_4 + 6aq) + (MgSO_4 + K_2SO_4 + 6aq)]$[1]) und $[(MgSO_4 + Am_2SO_4 + 6aq) + (FeSO_4 + Am_2SO_4 + 6aq)]$. Indem hinsichtlich der Form der hier nach dem Aetzen mit Wasser erscheinenden Aetzfiguren auf die früheren Mittheilungen des Verfassers (Poggend. Ann. **150**, 619) verwiesen wird, sei nur bemerkt, dass diese verschiedenen Substanzen resp. Mischkrystalle keinen wesentlichen Unterschied in der Gestalt ihrer Aetzfiguren erkennen liessen. Sind dennoch feinere Abweichungen vorhanden, so werden dieselben erst durch eine eingehende Prüfung, deren Ausführung aus manchen Gründen wünschenswerth wäre, zu ermitteln sein. Hier sei nur noch darauf hingewiesen, dass der so vollkommene Isomorphismus, welcher die genannten Doppelsalze beherrscht, sich auch in ihren Aetzfiguren resp. in denjenigen der Mischkrystalle ausprägt.

1. Kryolith (Mikr. 7 und 8).

Bekanntlich nähert sich das Axensystem dieses als monoklin erkannten Minerals sehr einem rhombischen, indem der Winkel β kaum von 90° abweicht. Früher wurde der Kryolith von Websky als triklin betrachtet, während durch die goniometrischen Untersuchungen von Krenner und Groth, welchen sich diejenigen des Verfassers über die Aetzerscheinungen anschlossen, diese Frage zu Gunsten des monoklinen Systems entschieden wurde. Ausser der Bestimmung des Systems dienten die Versuche des Verfassers sowie dessen spätere Messungen auch dem Zwecke, die eigenthümlichen Zwillingsverwachsungen, welche dieses Mineral zeigt, genauer zu bestimmen. Indem in Bezug hierauf auf die Abhandlungen in Zeitschr. f. Kryst. **11**, 135 und **18**, 355 verwiesen sei, soll hier nur insoweit auf den Kryolith aufmerksam gemacht werden, als derselbe in seinen Aetzfiguren auf $0P$ und ∞P sehr schön die Symmetrie des holoëdrischen monoklinen Systems zum Ausdruck bringt.

1) Zum Theil mit weit überwiegendem Kalisalz.

Es wurden kleine Krystalle von Evigtok in Grönland mit sehr wenig verdünnter, erwärmter Schwefelsäure einige Augenblicke geätzt. Es erscheinen dann auf der Basis schöne, vierseitige Vertiefungen von quadratischem oder nahe quadratischem Umriss, entsprechend der von ∞P begrenzten Basis. Wie Mikr. 7 zeigt, besitzen dieselben deutlich monosymmetrischen Bau, indem sie von zwei verschiedenen Hemipyramiden, einer positiven und einer negativen, als Aetzflächen begrenzt werden, von welchen die erstere weniger steil gegen die Basis geneigt ist als die letztere. Die auf ∞P erscheinenden Aetzfiguren (Mikr. 8, wo oben die Kante $\infty P : 0P$) zeigen sehr deutlich die dem monoklinen Prisma entsprechenden Gestaltverhältnisse, d. h. sie sind vollständig unsymmetrisch. Ueber die Lage der Aetzfiguren auf $0P$ und ∞P bei einfachen und Zwillingskrystallen s. das Nähere in der ersten der beiden oben angeführten Abhandlungen, namentlich auch die Figuren auf der beigefügten Tafel.

2. Apatit (Mikr. 9—13).

Die ersten Beobachtungen über die Aetzfiguren des Apatits machte der Verfasser im Jahre 1875 (Sitzungsber. d. k. bayr. Akad. d. Wiss. 1875, 2, 169). Es wurde namentlich ein gut gebildeter, flächenreicher Krystall von der Knappenwand mit Salzsäure geätzt, wodurch derselbe sich insbesondere auf $0P$, sowie auf ∞P und $2P2$ mit scharfen Aetzeindrücken bedeckte, welche bestimmt die pyramidale Hemiëdrie des Apatits zum Ausdruck brachten. Später erweiterte der Verfasser durch zahlreiche Beobachtungen die Kenntniss der auf $0P$ des genannten Minerals (von verschiedenen Fundorten) zu erhaltenden Aetzeindrücke, indem er verschiedene Aetzmittel (Salz-, Salpeter- und Schwefelsäure) und diese wieder in verschiedenen Graden der Concentration anwandte (Sitzungsber. k. preuss. Akad. d. Wiss. 1887, 863 und 1890, 447). In der ersten Arbeit gelangte er an Krystallen vom St. Gotthard und vom Schwarzenstein für die Aetzung mit Salz- und Salpetersäure zu folgenden Resultaten. Beim Aetzen eines Apatitkrystalles mit HCl entstehen auf der Basis gleichzeitig neben einander verschiedene und verschieden orientirte Aetzfiguren in Form von Tritopyramiden, von welchen die einen wegen der grösseren Neigung ihrer Flächen zu $0P$ dunkler, die anderen (mit weniger steil geneigten Aetzflächen) lichter erscheinen. Die dunklen Eindrücke lassen nach ihrer Lage zu den Kanten $0P:\infty P$ eine sehr deutliche Beziehung zur Concentration der angewandten Säure erkennen, während für die lichten diese Beziehung wenigstens einstweilen noch nicht genauer zu ermitteln war. Aetzt man mit unverdünnter (100 %) Salzsäure vom specif. Gewichte 1,130, so findet man, dass, während die dunklen Eindrücke (α) einer negativen Tritopyramide (Gegentritopyramide) angehören, die lichten (β) einer positiven Tritopyramide (Haupttritopyramide von der Stellung der gewöhnlichen Pyramide $3P\frac{3}{2}$) entsprechen. Beide Arten von Eindrücken kommen dabei aber in ihrer Lage einer Deuteropyramide ausserordentlich nahe. Wendet man nun der Reihe nach eine 80-, 60-, 50-, 40-, 20-, 10-, 5-, 1 procentige Säure an, so findet man, dass die Eindrücke α (negativ) sich mit abnehmender Concentration der Säure mehr und mehr von der Stellung einer Deuteropyramide entfernen und sich derjenigen einer Protopyramide nähern, ohne dass jedoch die letztere auch nur annähernd erreicht wird. Die lichten Eindrücke β hingegen nähern sich bei 80 % noch mehr einer Deuteropyramide bezw. gehen in eine solche über; auch bei 60 % kommen sie einer Deuteropyramide äusserst nahe, gehören aber nun nicht mehr einer positiven, sondern einer negativen Tritopyramide an. Bei 40 % besitzen die lichten Eindrücke gleichfalls negative Stellung mit theilweise grosser Annäherung an die Lage einer Deuteropyramide; dasselbe ist der Fall bei 20 %; bei 10 % sind sie wieder über die Lage einer Deuteropyramide hinaus in die positive Stellung übergegangen, während sie bei 5 % und 1 % wieder negative Stellung besitzen. Man sieht hieraus, dass sich über den Einfluss der Concentration auf die Lage der lichten Aetzfiguren ein Gesetz noch nicht aufstellen lässt.

Auch bei der Anwendung von Salpetersäure ergaben sich dunkle und lichte Eindrücke. Die Zahl der Beobachtungen ist hier eine geringere. Es zeigte sich, dass die Eindrücke α und β mit zunehmender Concentration der Säure gleichfalls eine Drehung erfahren, jedoch in der Weise, dass sie sich dabei mehr einer Protopyramide nähern, gerade umgekehrt, wie bei den mit HCl geätzten Krystallen, bei welchen der grösseren Concentration der Säure eine grössere Annäherung der Eindrücke α an die Lage einer Deuteropyramide entspricht.

Bei einer zweiten Reihe von Versuchen wandte der Verfasser Schwefelsäure (specif. Gew. der unverdünnten Säure 1,836) als Aetzmittel an und untersuchte gleichfalls die Aetzfiguren der Basis. Es dienten dazu Krystalle 1. vom Schwarzenstein, Floitenthal und St. Gotthard, 2. von der Knappenwand, 3. vom Rothenkopf. Gleichzeitig machte der Verfasser an solchen Krystallen zahlreiche Winkelmessungen (Zeitschr. f. Kryst. 18, 31) und fand, dass dieselben auf drei verschiedene Axenverhältnisse zurückzuführen sind, nämlich:

1. Schwarzenstein, Floitenthal, St. Gotthard $a:c = 1:0,73400$.
2. Knappenwand $a:c = 1:0,73333$.
3. Rothenkopf $a:c = 1:0,73131$.

Drei von Prof. König (Münster) ausgeführte Analysen ergaben für einen Krystall vom Schwarzenstein nicht wägbare Spuren von Chlor, für einen solchen von der Knappenwand 0,028 %, für Krystalle vom Rothenkopf 0,085 % Chlor. Diese Zahlen erscheinen als solche sehr gering, etwas bedeutender schon, wenn man sie in Chlorapatit umrechnet, wobei sich ergiebt für:

1. 0 %
2. 0,411 %
3. 1,248 %.

Immerhin bleibt die Menge des dem Fluorapatit beigemischten Chlorapatits eine recht kleine. Um so bemerkenswerther ist die Thatsache, dass diesem verschiedenen Chlorgehalte und dem mit wachsender Chlormenge abnehmenden Winkel $0P:P$ (ber. für 1. 40° 17′ 0″, 2. 40° 15½′, 3. 40° 10¾′), so weit wenigstens die Differenz eine beträchtlichere ist, ein auffallendes abweichendes Verhalten der Krystalle vom Schwarzenstein, Floitenthal und St. Gotthard, sowie von der Knappenwand einerseits und derjenigen vom Rothenkopf anderseits beim Aetzen mit Schwefelsäure entspricht. Die wichtigsten Ergebnisse der bezüglichen Beobachtungen fasste der Verfasser in folgenden Sätzen zusammen:

1. Auch bei Anwendung von Schwefelsäure als Aetzmittel treten auf der Basis des Apatits im allgemeinen dunkle und lichte, einer sechsseitigen Pyramide entsprechende Vertiefungen auf, welche

allerdings zuweilen nur schwierig zu unterscheiden sind. Die lichten Eindrücke schliessen sich hier in der Regel in ihrer Lage weit mehr, als es bei den mit *HCl* erhaltenen Aetzfiguren der Fall ist, an die dunklen an. Letztere zeigen am bestimmtesten die charakteristischen Wirkungen der Schwefelsäure.

2. Hinsichtlich der Krystalle vom Schwarzenstein, Floitenthal, St. Gotthard und von der Knappenwand ergab sich Folgendes. Bei Anwendung der Säure verschiedener Concentration (100 % — $\frac{1}{10}$ %) findet eine Drehung der Aetzfiguren statt. Dieselben gehen von einer positiven Tritopyramide aus, passiren die Lage einer Protopyramide und gehen dann in die einer negativen Tritopyramide über. Bei etwa 10 % findet jedoch eine Rückwärtsdrehung statt, indem die Eindrücke sich von nun an wieder mehr einer Protopyramide nähern. In Betreff der im einzelnen erhaltenen Werthe für die ebenen, von je einer Seite der Aetzfigur und der nächstgelegenen Kante $0P:\infty P$ gebildeten Winkel stimmen die Krystalle der genannten Fundorte nicht ganz überein; diejenigen von der Knappenwand unterscheiden sich etwas von solchen vom Schwarzenstein, allein auch die mit letzteren hinsichtlich ihrer krystallographischen Dimensionen genau übereinstimmenden Krystalle vom St. Gotthard und Floitenthal weisen ähnliche Abweichungen von den Schwarzensteinern auf. In dieser Hinsicht hat sich noch keine Regel ergeben.

3. Wesentlich verschieden von den eben erwähnten Krystallen verhalten sich beim Aetzen mit H_2SO_4 die auch goniometrisch und chemisch davon mehr abweichenden vom Rothenkopf. Ihre Aetzfiguren beginnen bei 100 % mit Stellungen, welche nach beiden Seiten mit im allgemeinen geringen Abweichungen um die Lage einer Protopyramide schwanken, um sich dann bei abnehmender Concentration als negative Tritopyramiden mehr und mehr von dieser Lage zu entfernen. Bei $\frac{1}{10}$ % scheint von den dunklen Eindrücken zum Theil die Stellung einer Deuteropyramide erreicht zu werden.

Es ist von Interesse, zu sehen, dass selbst so geringe Differenzen in den Dimensionen und in der chemischen Zusammensetzung, wie sie zwischen den Krystallen vom Rothenkopf einerseits und denjenigen vom Schwarzenstein (St. Gotthard, Floitenthal) und von der

Knappenwand anderseits bestehen, sich in so auffallender Weise in der Verschiedenheit der Aetzerscheinungen ausprägen.

Einige gute, beim Aetzen von Apatitkrystallen (höchst wahrscheinlich sämmtlich vom St. Gotthard) mit H_2SO_4 und HCl erhaltene Präparate sind in Mikr. 9—13 wiedergegeben.

Mikr. 9 und 10 stellen ein und dasselbe Präparat in verschieden starker Vergrösserung dar. Der betreffende Krystall wurde während 45 Minuten mit stark verdünnter Schwefelsäure geätzt. Das Präparat ist eins der besten, welche der Verfasser erhielt. Man sieht deutlich den Unterschied zwischen dunklen und lichten Eindrücken. Die ersten erscheinen hier ganz dunkel, weil ihre einzelnen, im übrigen gut ausgebildeten Flächen steil gegen die Basis geneigt sind. Die lichten Eindrücke sind zweierlei Art, eine Art ist lichter als die andere; die Flächen beider Arten sind also gegen $0P$ ungleich geneigt. Die hellsten entsprechen der stumpfsten Tritopyramide. Zuweilen ist deutlich zu bemerken, dass die beiden Arten von lichten Aetzflächen an einer Aetzfigur combinirt sind (s. namentlich 10, links von der Mitte, wo der betr. Eindruck einen dunkleren Kern und eine lichtere äussere Zone aufweist). Sämmtliche Aetzfiguren entsprechen negativen Tritopyramiden (unten ist die Kante $0P:P$ sichtbar), und es ist bei den verschiedenen kein wesentlicher Unterschied in der Lage zu erkennen. Die Neigung ihrer Seiten zur Kante $0P:\infty P$ beträgt durchschnittlich etwa $9\frac{1}{2}^\circ$ (s. ferner über dieses Präparat Sitzungsber. k. preuss. Akad. d. Wiss. 1890, 453 unten).

Mikr. 11. Der betreffende Krystall wurde mit unverdünnter Salzsäure vom specif. Gew. 1,130 geätzt. Man bemerkt deutlich neben den an Zahl weit überwiegenden dunklen einzelne lichte Eindrücke. Die ersteren, meist parallel $0P$ abgestumpft, kommen einer Deuteropyramide sehr nahe, entsprechen jedoch in Wirklichkeit einer negativen Tritopyramide. Die lichten Eindrücke hingegen gehören einer positiven Tritopyramide an, sie weichen zudem oft mehr von der Lage einer Deuteropyramide ab. Verfasser fand für ε (Neigung einer Seite zur Kante $0P:\infty P$) der dunklen Eindrücke im Mittel etwa $27\frac{1}{2}^\circ$, für die lichten ist die Abweichung von der Deuteropyramide um so grösser, je lichter sie sind. Etwas höher als in der Mitte von Mikr. 11 befindet sich noch ein kleinerer sehr lichter, nur bei stark abgeblendetem Lichte unter dem Mikroskop wahrnehmbarer Eindruck von ganz anderer Lage. Derselbe besitzt zwar positive Stellung, nähert sich jedoch weit mehr einer Protopyramide ($\varepsilon = 7—8^{\circ}$). Verfasser bezeichnete solche Eindrücke mit γ (die dunklen mit α, die gewöhnlichen lichten mit β). Näheres Sitzungsber. k. preuss. Akad. d. Wissensch. 1887, 867—868.

Mikr. 12 stellt ein sehr schönes, mit 40 % Salzsäure geätztes Präparat dar. Die zahlreichen dunklen und lichten Eindrücke besitzen zwar beide negative Stellung, allein der Winkel ε ist bei beiden verschieden (für die dunklen im Durchschnitt $19\frac{1}{2}^{\circ}$, für die lichten stark schwankend von 22—28°). Die letzteren nähern sich theilweise sehr einer Deuteropyramide; sie entfernen sich um so mehr davon, je lichter sie sind, ganz ähnlich wie bei dem vorigen Präparat. Näheres l. c. S. 870—71.

Mikr. 13. Dieser Krystall wurde gespalten und darauf die im Bilde linke Seite mit 10 % Schwefelsäure (specif. Gew. der unverdünnten Säure 1,836) während 9 Minuten, die rechte hingegen mit 100 % Säure während 18 Minuten geätzt; darauf wurden die beiden Theile wieder zusammengefügt. Wenngleich die Eindrücke klein sind, bemerkt man doch deutlich ihre auf beiden Seiten abweichende Lage. Die links liegenden entsprechen einer negativen, die rechts gelegenen einer positiven Tritopyramide. Es zeigt sich hier also die merkwürdige Verschiedenheit in der Wirkung der verdünnten und der concentrirten Schwefelsäure (Sitzungsber. k. preuss. Akad. d. Wiss. 1890, 454). Bemerkenswerth ist noch, dass die 100procentige Säure in 18 Minuten Aetzfiguren von gleicher Grösse hervorgerufen hat, wie die 10procentige Säure in 9 Minuten.

3. Zinnwaldit (Mikr. 27).

Schon 1876 beobachtete der Verfasser (N. Jahrb. f. Min. etc. 1876, 1) am Zinnwaldit, nachdem derselbe mit einem erhitzten Gemische von feingepulvertem Flussspath und Schwefelsäure behandelt worden war, auf den Spaltungsflächen sechsseitige Aetzfiguren von asymmetrischer Gestalt, welche zuweilen in nicht paralleler Stellung auftraten, was den Gedanken an eine die Spaltungsblättchen beherrschende Zwillingsbildung nahelegte. Verfasser sprach sich damals in folgender Weise über diese Aetzfiguren aus: »Wollte man die beschriebenen Erscheinungen krystallographisch deuten, so müsste man, der Erfahrung entsprechend, dass die Aetzeindrücke stets in nächster Beziehung zu dem Krystallsystem und dem Habitus der betreffenden Körper stehen, für den untersuchten Lithionglimmer eigentlich vom rhombischen (1876!) sowohl als vom monoklinen System absehen, und es bliebe wohl nichts übrig, als die Eindrücke auf trikline Formen zurückzuführen. Die Vertiefungen sind nämlich in ihrer gewöhnlichen Gestalt rechts und links, sowie vorn und hinten unsymmetrisch, mag man sie von einer Seite betrachten, von welcher man will.«

In einer zweiten, im Jahr 1879 erschienenen Arbeit (Zeitschr. f. Kryst. 3, 113) beschrieb der Verfasser ausführlicher die optischen Erscheinungen im parallelen polarisirten Lichte sowie die Aetzfiguren des Zinnwaldits, welch letztere hier durch Behandlung der Spaltblättchen mit verdünnter wässriger Flusssäure erhalten wurden. Mikrogramm 27 stellt ein solches mit dicht gedrängten und deshalb wohl im einzelnen nicht gerade besonders gut ausgebildeten asymmetrischen Aetzfiguren bedecktes Blättchen dar, an welchem man jedoch sehr gut die mehrfach abwechselnd ungleiche Lage der Eindrücke bemerkt. Die Platte zerfällt dadurch deutlich in mehrere zwillingsartig verbundene Theile. Eine vollständige basische Spaltungsplatte von Zinnwaldit zeigt bei der Betrachtung im parallelen polarisirten Lichte 6—8 Sectoren, deren jeder wieder zahlreiche Streifen parallel der entsprechenden Randkante der Platte (zu ∞P, $\infty \breve{P} \infty$, eventuell $\infty \bar{P} \infty$) aufweist. Im Ganzen verhalten sich die 3—4 rechts gelegenen Sectoren zu den linksgelegenen wie Gegenstand zu Spiegelbild (hinsichtlich der Einzelheiten sei auf die zuletzt citirte Abhandlung und die zugehörige Tafel verwiesen). Mit Rücksicht auf die Lage der Aetzfiguren hingegen zerfallen die Platten im einfachsten Falle nur in zwei Theile, welche in einer unregelmässig verlaufenden, im allgemeinen an die Axe *a* sich anschliessenden Linie zusammenstossen. Demgemäss kann man in optischer Beziehung wie mit Rücksicht auf die Aetzfiguren von einer rechten und einer linken Hälfte der Platten sprechen, wobei, wie es Fig. 4, 5, 6 und 8 (Zeitschr. f. Kryst. 3, Taf. III) zeigen, jede Hälfte optisch noch wieder in mehrere Sectoren zerfällt. Die auf der linken Hälfte auftretenden Aetzfiguren verhalten sich nun zu denjenigen der rechten Hälfte wie Gegenstand zu Spiegelbild, wobei das Klinopinakoid der spiegelnden Ebene entspricht. Häufig wechseln auch rechte und linke Theile mehrfach mit einander ab, wie Mikr. 27 zeigt.

Was nun die auf der Unterseite einer geätzten Platte liegenden Aetzfiguren betrifft, so besitzen sie diejenige Lage, welche die auf der Oberseite befindlichen Eindrücke erhalten würden, wenn man die Platte um die Orthodiagonale um 180° drehte. Hieraus geht aber hervor, dass die Aetzfiguren, wenngleich sie gänzlich unsymmetrisch gestaltet sind, nicht dem triklinen System entsprechen. In der That konnte auch G. Tschermak (Zeitschrift f. Kryst. 2, 39) sowenig wie P. Groth (ebenda 3, 115, Anmerkung) bei der optischen Prüfung des Zinnwaldits ein Anzeichen für das Vorhandensein des triklinen Systems erkennen. Es ist demnach nicht daran zu zweifeln, dass das genannte Mineral in Wirklichkeit dem monoklinen System angehört.

Für das merkwürdige Zerfallen der basischen Platten in zwei mit entgegengesetzt liegenden Aetzfiguren bedeckte Theile, wusste Verfasser damals eine vollkommen befriedigende Erklärung nicht zu geben. Er sprach sich allerdings dahin aus, dass die Aetzfiguren ihrer Vertheilung nach im allgemeinen den optischen Verhältnissen entsprechen, bemerkte jedoch auch, dass die einzelnen Streifen der verschiedenen Sectoren ohne Einfluss auf die Gestalt der Aetzfiguren zu sein scheinen, indem die letzteren auf allen Streifen, sofern diese einer und derselben (rechten oder linken) Seite angehören, gleiche Gestalt und Lage zeigen. Hingen die Aetzfiguren aber lediglich mit dem optisch anomalen Verhalten der Platten zusammen, so wäre nicht einzusehen, warum sie nur zweierlei Art resp. Lage sind; es wäre dann vielmehr eine mehrfach verschiedene Ausbildung derselben auf den im Ganzen 6—8 Sectoren zu erwarten. Betrachtet man deshalb die Aetzfiguren als normal und ihre Ausbildung demgemäss als in der Structur der betreffenden Kryställe begründet, so wird man mit Nothwendigkeit zu dem Schlusse geführt, dass der Zinnwaldit monoklin und hemimorph nach der Symmetrieaxe sei. Die auf beiden Theilen einer Platte entgegengesetzte Lage der Aetzfiguren erklärt sich dann durch Zwillingsbildung nach dem Klinopinakoid. Zugleich aber ergiebt sich, dass, weil beide Zwillingshälften enantiomorph sind, also durch keine Drehung in parallele Lage gebracht werden können, die eine Hälfte als rechts-, die andere als linkshemimorph zu bezeichnen ist. Die hier vorliegende Verwachsung kann verglichen werden mit der Zwillingsverwachsung eines rechten mit einem linken Quarzkrystall. Ist eine derartige Ausbildung resp. Verwachsung auch im monoklinen System bis jetzt noch nicht beobachtet, so steht doch der Annahme der hier gebotenen Erklärung theoretisch nichts im Wege; dieselbe deutet vielmehr die thatsächlichen Verhältnisse in einfacher und ungezwungener Weise.

4. Schwefelsaures Strychnin [$(C_{21}H_{24}N_2O_2)S_2O_8$ + 13 aq]. Schwefelsaures Nickeloxydul ($NiSO_4$ + 6 aq).

(Mikr. 14—16.)

Bekanntlich sind bis jetzt an denjenigen quadratisch krystallisirenden Substanzen, welche der trapezoëdrischen Hemiëdrie gehorchen, noch keine Flächen ditetragonaler Pyramiden beobachtet worden. Ihre Zugehörigkeit zu der genannten Abtheilung des quadratischen Systems wurde zunächst erschlossen aus dem Vorhandensein der Circularpolarisation, sowie für das schwefelsaure Strychnin durch die vom Verfasser beobachteten, durch Salzsäure auf der Basis hervorgerufenen Aetzrisse (Zeitschr. f. Kryst. 5, 577).

1. Aetzt man die Basis des schwefelsauren Strychnins, welches nach $0P$ äusserst leicht spaltbar ist, vorsichtig mit Wasser, so zeigen sich u. d. M. bald sehr scharfe quadratische Eindrücke. Ihre Seiten gehen den Kanten $0P:P$ parallel, die Aetzflächen gehören also einer Protopyramide an. Ganz ähnliche Aetzfiguren erhält man beim Aetzen mit Weingeist. Eine Andeutung hemiëdrischer Flächen ist daran nicht wahrzunehmen. Sieht man durch eine geätzte Fläche nach einer kleinen Flamme, so nimmt man eine schöne kreuzförmige Lichtfigur wahr, deren Arme den Seiten der Platte parallel gehen.

Betupft man hingegen die Basis vorsichtig mit einem Stückchen durch verdünnte Salzsäure befeuchteten Filtrirpapiers oder bestreicht dieselbe mit einem Pinsel mit der Säure und trocknet gleich darauf mit Filtrirpapier ab, so sieht man u. d. M., wie plötzlich in der Krystallmasse eine grosse Zahl von Rissen entsteht, welche in ihrer vollkommensten Ausbildung fast geradlinig sind und nach zwei auf einander senkrechten Richtungen verlaufen (s. Mikr. 14 u. 15, wo oben eine Kante $0P:P$ horizontal gerichtet ist). Die unter dem grösseren Winkel gegen die horizontal gelegene Kante $0P:P$ geneigten Aetzrisse verlaufen immer von rechts oben nach links unten, die andern von links oben nach rechts unten entsprechend der Thatsache, dass die Krystalle stets einer Art, nämlich linksdrehend sind. Aetzt man auch die Unterseite der Platte, jedoch so vorsichtig, dass sie durchscheinend bleibt, und stellt das Mikroskop auf diese ein, so erweisen sich die auf der unteren Seite liegenden Risse gegen die der oberen Seite umgekehrt liegend, wie es der trapezoëdrischen Hemiëdrie entspricht. Am besten sind die beschriebenen Erscheinungen auf der natürlichen Basisfläche wahrzunehmen. Der spitze Winkel, welchen die Risse mit den Seiten der Platte bilden, wurde in den zur Messung günstigsten Fällen zu $14\frac{1}{2}-17\frac{1}{2}^{0}$ bestimmt. Mikr. 14 und 15 bringen diese Aetzrisse sehr schön zur Anschauung; auf Mikr. 14 finden sich namentlich solche einer Richtung, während auf Mikr. 15 die Risse beider Richtungen eine Art Flechtwerk bilden. Zur Herstellung der betreffenden Präparate waren zwei besonders grosse Krystalle verwendet worden. Dies sei ausdrücklich hervorgehoben, da J. Martin in seiner Dissertation »Beiträge zur Kenntniss der optischen Anomalien einaxiger Krystalle, Göttingen, 1890« mittheilt, er habe beim Aetzen mit Salzsäure auf $0P$ des Strychninsulfats nur solche Risse beobachtet, welche eine Neigung gegen die Kanten $0P:P$ nicht erkennen liessen. Derartige Risse beobachtete der Verfasser gleichfalls an Krystallen, welche kleiner und weniger klar waren als die oben erwähnten (Zeitschr. f. Kryst. 17, 608). Diese zur Kante $0P:P$ parallel verlaufenden Risse sind aber ganz verschieden von den schräg verlaufenden, aus welchen die Existenz der trapezoëdrischen Hemiëdrie hervorgeht und die, um jeden Zweifel an der Richtigkeit der bezüglichen Beobachtungen zu beseitigen, in Mikr. 14 und 15 wiedergegeben sind. Es sei noch bemerkt, dass wohl an einzelnen Stellen die gleichmässige Bildung der Risse gestört sein kann, so dass sie daselbst unregelmässig strahlig verlaufen, die Gesetzmässigkeit der Erscheinung wird jedoch dadurch nicht berührt.

2. Das schwefelsaure Nickeloxydul mit 6 Molekülen Krystallwasser wurde früher als holoëdrisch-quadratisch betrachtet. Im Jahre 1885 beobachtete jedoch E. Blasius (Zeitschr. f. Kryst. **10**, 227) auf den Flächen der Grundpyramide Aetzfiguren, welche auf die trapezoëdrische Hemiëdrie hinwiesen. Er bemerkt hierüber: »Sehr überraschend waren die Figuren, die man durch Aetzung mit Alkohol an der primären Pyramide erhielt. Je schärfer und je besser diese Figuren gerathen, um so unsymmetrischer sind sie, und zwar nicht nur einzelne Aetzfiguren, sondern oft hunderte, alle nach demselben Gesetz. Nach ihrer Form zu schliessen kann der Krystall nicht holoëdrisch sein, denn dazu wäre eine rechts- und linkssymmetrische Form unbedingt erforderlich. Wenn man die Lage dieser Figuren auf sämmtlichen Flächen der primären Pyramide verfolgt, so erkennt man Folgendes: Auf den vier oberen Flächen der Pyramide sind die Aetzfiguren bezüglich ihrer rechten und linken Seite in ganz derselben Weise unsymmetrisch. Dreht man nun die Pyramide so herum, dass die früher unten liegenden Flächen nach oben kommen, so liegen die Figuren auf ihnen genau so, wie sie auf den früher oben liegenden Flächen lagen. Es ist die Ausbildung also enantimorph, die sphenoidische sowie die pyramidale Hemiëdrie sind ausgeschlossen und unser Krystall gehört also der trapezoëdrisch-hemiëdrischen Abtheilung des tetragonalen Systems an. Dieses Resultat ist um so auffallender, da keine Circularpolarisation vorhanden ist, wenigstens keine beobachtet werden konnte.«

Dem Verfasser war es entfallen, dass Blasius sich schon mit dem in Rede stehenden Salze beschäftigt hatte. Die folgenden von ihm angestellten Versuche stehen deshalb unabhängig von den Beobachtungen des genannten Forschers da; natürlich gebührt Blasius die Priorität. Zu den Aetzversuchen des Verfassers diente zunächst ein grosser, gut gebildeter Krystall der Combination $0P \cdot P \cdot \frac{1}{2}P \cdot \frac{2}{3}P\infty \cdot P\infty \cdot \infty P\infty$. Derselbe wurde, was bei der vollkommenen Spaltbarkeit nach $0P$ leicht auszuführen, in eine grössere Zahl von Platten zerlegt. Dieselben zeigten zwischen gekreuzten Nicols im convergenten polarisirten Lichte schwache optische Zweiaxigkeit mit wechselnder Lage der optischen Axenebene. Circularpolarisation war in keiner Weise zu constatiren. Dennoch lieferten die Platten beim

Aetzen mit Wasser sehr bestimmt Aetzfiguren, welche weder einer Proto-, noch einer Deuteropyramide entsprechen, sondern einem Trapezoëder angehören. Sie liegen nämlich, abgesehen von einzelnen Fällen, wo sie sich sehr einer Protopyramide nähern stets so, wie es Fig. 2 zeigt. Dabei entspricht die Aetzfigur *a* der oberen, diejenige *b* (punktirt) der unteren Seite der Platte. Die Eindrücke sind gewöhnlich von guter bis sehr guter Ausbildung, wie auch Mikr. **16** aufs schönste zeigt. Die Abweichung von der Lage einer Protopyramide ist nicht gross, oft nur sehr gering, dennoch im Ganzen nicht zu übersehen (bei Mikr. **16** liegt unten horizontal eine Kante $0P:P$). Die Lage der Aetzfiguren war bei allen, dem zuerst untersuchten Krystall entnommenen Platten dieselbe; eine Zwillingsbildung, welcher zwei engegengesetzte Stellungen auf derselben Spaltungsfläche entsprechen würden, hat der Verfasser nie beobachtet[1]). Die in Fig. 2 gezeichneten Aetzfiguren gehören einem rechten Trapezoëder an, der betreffende Krystall ist also als ein rechter zu bezeichnen. Die besten Aetzgrübchen wurden erhalten bei Anwendung einer Mischung von Wasser und Weingeist (mit nicht zu viel des letzteren), weil dadurch die sehr energische Wirkung des Wassers gemildert wird. Verfasser wandte folgende Mischungen an:

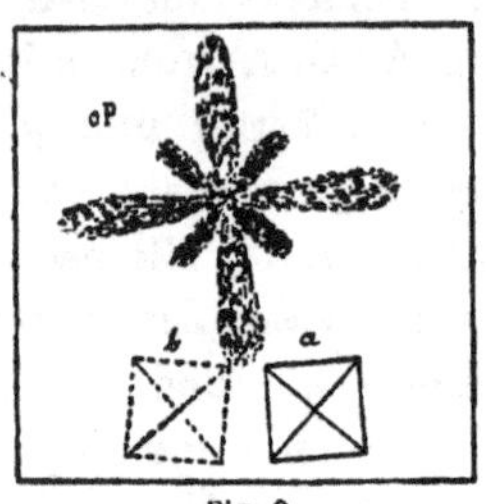

Fig. 2.

1. 3 Theile Weingeist auf 1 Theil Wasser,
2. 1 Theil „ „ 1 Theil „ ,
3. 1 Theil „ „ 3 Theile „ .

1. Im ersten Falle entstanden nur sehr kleine Aetzfiguren, welche nur eine sehr geringe Neigung von etwa 1° bis zu einer solchen von etwa 4° gegen die Kante $0P:P$ zeigten. Grössere Eindrücke, jedoch nur vereinzelt gut gebildete, entstanden beim Kochen

1) Blasius bemerkt: »Durch Aetzung mit Wasser erhält man auf der Basis Quadrate, deren Seiten den Combinationskanten mit der primären Pyramide parallel zu laufen scheinen, zuweilen sind auch die Ecken dieser Quadrate durch Kanten parallel den Diagonalen abgestumpft.« Die geneigte Lage der basischen Aetzfiguren ist also Blasius entgangen.

der Platte in der Mischung während eines Augenblicks. Verfasser fand dafür eine Neigung von 4°.

2. Nach ganz kurzem Aetzen mit der zweiten Mischung bedeckte sich die Platte mit vielen und guten Eindrücken. Die beobachteten Neigungen waren: $2\frac{1}{4}$, 3, 5, $5\frac{1}{2}$°. An einem zweiten Präparat wurde gemessen: $1\frac{3}{4}$, 3, $3\frac{1}{2}$, 4, 4, 4°. Einzelne kleine Eindrücke scheinen der Kante $0P:P$ parallel oder doch ganz nahe parallel zu liegen.

3. Auch hier erschienen nach nur augenblicklichem Aetzen sogleich gute und grosse Aetzfiguren. Es wurde dann gemessen: $3\frac{1}{2}$, $5\frac{1}{4}$°. Nach wiederholter Aetzung ergaben sich folgende Werthe: $3\frac{1}{4}$, $3\frac{1}{2}$, $3\frac{1}{2}$, $4\frac{1}{2}$, $4\frac{3}{4}$°.

Das Mittel aus allen bei 2. und 3. erhaltenen Neigungen beträgt 3° 47′. Die Differenzen zwischen den Einzelwerthen sind nicht grösser, als die an manchen Präparaten von Apatit gefundenen. Ein Einfluss des Mischungsverhältnisses von Weingeist und Wasser auf den Neigungswinkel lässt sich aus den Beobachtungen nicht erkennen. Wird eine Platte nach $0P$ mit einer sehr concentrirten wässrigen Lösung des Salzes geätzt, so entstehen sogleich grosse und gute Eindrücke von geneigter Lage.

Mit der Neigung der Aetzdrücke gegen die Kante $0P:P$ stehen in Einklang die im reflectirten Lichte auf der geätzten Basis zu beobachtenden Lichtfiguren, welche oft von besonderer Schönheit sind. Fig. 1 stellt die Asterie des rechten Krystalles dar; dieselbe besteht aus zwei concentrischen Kreuzen, wovon das kleinere das grössere gewöhnlich an Helligkeit und Schärfe weit übertrifft. Die Arme beider Kreuze fallen weder mit den Seiten noch mit den Diagonalen der quadratischen Platte zusammen, sondern sind dazu unter einem kleinen Winkel geneigt. Vergleicht man mit der Lage des helleren kleineren Kreuzes diejenige der beigezeichneten Aetzfigur *a*, so ist man erstaunt darüber, dass die Arme des Kreuzes nicht nach den Seiten, sondern nach den Diagonalen der Aetzfigur angeordnet sind. Es scheint demnach, als ob an den Aetzfiguren noch sehr kleine Flächen vorhanden seien, welche die vertieften Kanten abstumpfen und durch Reflexion das hellere kleinere Kreuz der Lichtfigur hervorbringen. In der That konnte Verfasser in einzelnen Fällen solche Abstumpfungsflächen deutlich wahrnehmen. Das grössere, lichtschwächere Kreuz ist hingegen auf die vorherrschenden Flächen der Aetzeindrücke zurückzuführen.

Später prüfte der Verfasser noch 6 weitere grosse Krystalle und fand, dass unter denselben 4 sich genau verhielten wie der eben beschriebene, während die beiden anderen Aetzeindrücke und Lichtfigur auf $0P$ in enantiomorph entgegengesetzter Lage zeigten, demnach die zweite mögliche Art von Krystallen des Salzes, nämlich linke, darstellen. Im Ganzen waren somit von 7 Krystallen 5 rechte und 2 linke. Ob im allgemeinen die rechten Krystalle vorherrschen, und ob, wie zu erwarten ist, aus einer Auflösung von Krystallen einer Art solche beider Arten auskrystallisiren, müssen weitere Beobachtungen lehren.

Durch die vorstehenden Thatsachen wird nunmehr auch für das quadratische System erwiesen, dass eine enantiomorphe Hemiëdrie nicht nothwendig mit Circularpolarisation verknüpft ist. In ganz ähnlicher Weise wurde schon vor Jahren vom Verfasser und L. Wulff gezeigt, dass die tetartoëdrisch-regulären Salze Baryum-, Strontium- und Bleinitrat trotz der enantiomorphen Ausbildung ihrer Krystalle nicht circularpolarisirend sind.

5. Dolomit, Magnesit und Siderit (Mikr. 17—20).

Schon vor längerer Zeit hatten v. Kobell und namentlich K. Haushofer am Dolomit Aetzerscheinungen beobachtet, welche darauf hindeuteten, dass dieses Mineral nicht wie der Kalkspath rhomboëdrisch, sondern tetartoëdrisch krystallisire. Haushofer fand auf R Aetzfiguren, welche bei allerdings wenig vollkommener Ausbildung nach rechts und links unsymmetrisch waren und häufig in zwei entgegengesetzten, nach der kurzen Rhombendiagonale zu einander symmetrischen Stellungen auftraten. Dennoch wurde fast allgemein an der rhomboëdrisch-hemiëdrischen Natur des Dolomits festgehalten, da man unter dem bestimmenden Einfluss der Ansicht stand, derselbe sei mit Kalkspath isomorph. Auch die Auffindung von unsymmetrisch vertheilten Hemiskalenoëderflächen durch Lévy, Dana, Des-Cloizeaux, Groth u. a. führte noch nicht dazu, entschieden für die tetartoëdrische Entwicklung des Dolomits einzutreten. Es fanden sich nämlich zuweilen diese Flächen in beiden, durch die rhomboëdrische Hemiëdrie geforderten Stellungen vor, weshalb man die Unsymmetrie nicht als eine gesetzmässige, durchgreifende betrachtete; in Wirklichkeit handelt es sich in solchen Fällen wohl meist um Ergänzungszwillinge. Erst durch die Untersuchungen von Tschermak (Min. u. petrogr. Mitth. **4**, 99—121 u. 538), welcher sich auf die Beobachtung der Aetzfiguren stützte, wurde die tetartoëdrische Natur sicher erkannt, und zwar gehorcht der Dolomit der rhomboëdrischen Tetartoëdrie. Die durch *HCl* auf den Spaltungsflächen *R* erhaltenen Aetzfiguren sind dreiseitig und asymmetrisch, bei den von Tschermak als links bezeichneten Krystallen ist die längste Seite nach links, bei den rechten nach rechts gewendet. Ein von rechten und linken Krystallen überkleideter Dolomit ergab auf seinen Spaltungsflächen zweierlei Aetzfiguren, und zwar an den Stellen, wo er in linken Krystallen endigte, nur linke, und da, wo er in rechten Krystallen endigte, nur rechte; es handelte sich in diesem Falle also um eine Fortwachsungserscheinung. Der ganze Krystall ist als ein Zwilling aufzufassen, der durch vollkommene Durchdringung eines rechten und eines linken Krystalls zu Stande kommt.

Es ist indess zu bemerken, dass die Bezeichnung »rechte und linke Krystalle« beim Dolomit insofern nicht zutreffend ist, als die rhomboëdrische Tetartoëdrie keine enantiomorphen, sondern congruente Formen liefert. Rechte und linke Krystalle, etwa wie beim Quarz, giebt es also beim Dolomit nicht, die beiden von Tschermak so bezeichneten Individuen unterscheiden sich nur durch ihre gegenseitige Stellung; sie liefern einen hemitropischen Ergänzungszwilling nach dem Gesetze: »Zwillingsebene $\infty P2$«. Ein solcher Ergänzungszwilling besitzt scheinbar rhomboëdrische Symmetrie. Will man von »rechten« und »linken« Individuen reden, so kann dies, wie bei Tschermak, nur in dem Sinne geschehen, dass auf den drei um einen Pol der Hauptaxe gruppirten Rhomboëderflächen *R*, wenn die betreffende Polecke nach oben gerichtet ist, die Aetzfiguren entgegengesetzt liegen, als auf den drei anderen Rhomboëderflächen bei gleicher Stellung, also nach der Drehung des Krystalls. Ist bei den ersteren die grösste Seite der mit *HCl* erhaltenen Aetzfiguren nach rechts gewendet, so liegt sie auf den letzteren bei entsprechender Stellung des Krystalls nach links. Man könnte also richtiger als von solchen Individuen von rechten und linken (oder von oberen und unteren) Rhomboëderhälften sprechen.

Die gewöhnliche Zwillingsbildung, nach welcher sich ein paar Dolomitkrystalle durchwachsen resp. aneinanderwachsen, gehorcht entweder dem Gesetze »Zwillingsebene die Basis« oder »Zwillingsebene das Protoprisma ∞R«. Tschermak nimmt das erstere als geltend an. Nach ihm bestehen z. B. die bekannten Zwillinge aus dem Binnenthal und von Traversella gewöhnlich aus zwei rechten oder zwei linken Individuen, also allgemein aus zwei Individuen, welche sich nur durch eine Drehung um 60° um die Hauptaxe von einander unterscheiden. Es kommt aber auch häufig vor, dass die beiden scheinbar einfachen Individuen selbst Ergänzungszwillinge sind, wodurch ziemlich complicirte, an den Quarz erinnernde Zwillingsverwachsungen entstehen. Um die Analogie mit dem Quarz noch besser hervortreten zu lassen, kann man nach Tschermak die Zwillinge statt nach $0R$ auch als solche nach ∞R deuten.

Nach Tschermak beschäftigte sich namentlich Becke (Min. u. petrogr. Mitth. **10**, 93) eingehend mit der Krystallisation des Dolomits und wies gleichfalls nach, dass die Tetartoëdrie desselben sicher vorhanden und eine im inneren Bau der Dolomitkrystalle begründete und nicht zufällige Erscheinung sei. Hinsichtlich der gewöhnlichen, äusserlich sichtbaren Zwillingsbildung gelangte er zu dem Resultat, dass dieselbe nicht nach $0R$, sondern nach ∞R stattfinde. »Eine genauere Untersuchung lehrt, dass beide Zwillingsgesetze nur bei rhomboëdrischen und trapezoëdrisch-tetartoëdrischen Krystallen identisch sind, dass sie aber bei rhomboëdrisch-tetartoëdrischen Individuen zwei verschieden gebauten Zwillingen entsprechen.« Denkt man sich die beiden Krystalle nach $0R$ symmetrisch gestellt und in völliger Durchdringung, so hat der Complex die Symmetrie der pyramidalen Hemiëdrie und eine Symmetrieebene parallel der Basis. Die in beiden Individuen nach demselben Pol gewendeten Rhomboëderflächen R sind gleicher Art, sind also alle sogenannte obere oder alle untere Flächen. Die nach unten gewendeten Rhomboëderflächen des einen Individuums sind enantiomorph zu den nach oben gewendeten des anderen. Diese Verhältnisse ergeben sich bei Betrachtung von Fig. 3, wo ein Zwilling nach $0R$ mit den unten zu besprechenden, mit Schwefelsäure erhaltenen Aetzfiguren dargestellt ist. Die Lage der Aetzfiguren auf den einzelnen Flächen bestätigt das Gesagte. Das andere Zwillingsgesetz: »Zwillingsebene ∞R« liefert einen Complex von rhomboëdrischer Symmetrie (Fig. 4). Die in beiden Individuen nach demselben Pol gewendeten Rhomboëderflächen sind enantiomorph (s. die Aetzfiguren in Fig. 4); die nach unten gewendeten des einen Individuums sind congruent mit den nach oben gewendeten des anderen. Eine Symmetrieebene nach $0R$ ist für den Complex nicht vorhanden. Nach Becke herrscht nun im allgemeinen dieses letztere Gesetz, während es fraglich ist, ob das erstere schon beobachtet wurde. Doch ist zu bemerken, dass sich bei den Doppelzwillingen (Vereinigung zweier Ergänzungszwillinge) dasselbe Resultat ergiebt, ob man zu $\infty P2$ als zweite Zwillingsebene ∞R oder $0R$ hinzutreten lässt. Ein solcher Doppelzwilling hat, wie ein solcher des Quarzes, einheitlich gedacht hexagonal-holoëdrische Symmetrie. Groth und Hintze beschrieben Binnenthaler Dolomitkrystalle, welche als solche Doppelzwillinge gedeutet werden können.

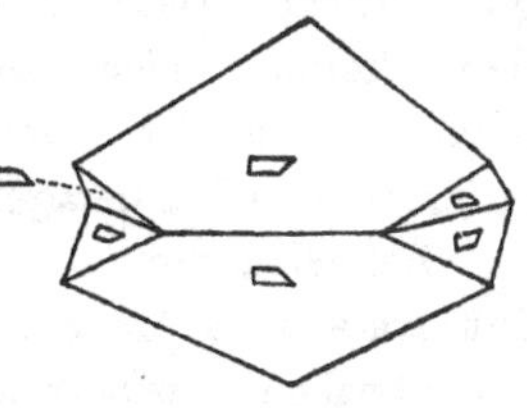

Fig. 3.

Als ein sehr geeignetes Aetzmittel für den Dolomit erwies sich nach den Versuchen des Verfassers einprocentige Schwefelsäure (auf 1 Vol. Säure vom specif. Gew. 1,836 99 Vol. Wasser). Dieselbe ruft beim Erwärmen sowohl auf R als auch auf $0R$ scharfe Aetzeindrücke hervor. Auf R sind dieselben deutlich unsymmetrisch und besitzen im allgemeinen die Gestalt eines geraden Trapezes. Die beiden parallelen Seiten gehen der längeren Rhombendiagonale parallel, die breitere davon ist der Kante $R : 0R$ zugewendet. Mikr. 17 zeigt diese Aetzfiguren auf R eines Ergänzungszwillings (von Traversella) in den beiden Stellungen, dazwischen sehr deutlich die in unregelmässigen Krümmungen verlaufende Zwillingsgrenze, an welcher zuweilen beiderlei Eindrücke zu Zwillingseindrücken zusammenstossen. Mikr. 18 (Dolomit vom Binnenthal) giebt die geätzte Basis wieder mit sehr schönen dreiseitigen Eindrücken, deren

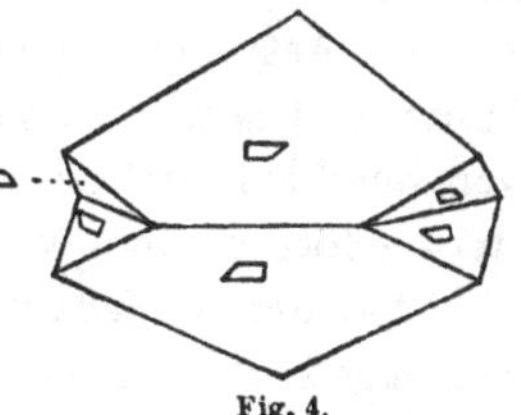

Fig. 4.

Flächen einem positiven Rhomboëder angehören. Im Gegensatz zu R weist die Basis Aetzfiguren auf, welche die Tetartoëdrie anscheinend nicht verrathen, indem sie einem positiven Rhomboëder entsprechen. Dennoch ist die Zwillingsgrenze, welche sich als feine Furche (einmal dicht am Rande der Fläche) über $0R$ hinzieht, gut sichtbar. Dass es sich wirklich um eine Zwillingsgrenze handelt, konnte leicht durch die mikroskopische Betrachtung der angrenzenden R-Flächen, auf welchen sich die Grenze mit beiderseitig verschieden gelagerten Aetzfiguren fortsetzt, constatirt werden.

Bei wiederholter und genauerer Betrachtung mehrerer derartiger Präparate nach $0R$ glaubte Verfasser zu bemerken, dass wenigstens bei manchen Aetzfiguren, entsprechend der Tetartoëdrie, eine kleine Abweichung von der Lage eines positiven Rhomboëders stattfindet, indem die einzelnen Seiten derselben ein wenig gegen die entsprechenden Kanten $0R : R$ geneigt erschienen. Diese Neigung ist folgender Art: Sieht man auf $0R$ nahe an einer Kante zu R in der Lage, dass dabei die auf R liegenden Aetzfiguren ihren spitzesten Winkel nach links wenden, so sind die dreiseitigen Aetzfiguren auf $0R$ ein wenig in der Richtung des Uhrzeigers nach rechts gedreht. Da wo eine Zwillingsgrenze über $0R$ zieht, müssen natürlich die auf beiden Seiten derselben liegenden Aetzfiguren in entgegengesetzter Richtung gedreht erscheinen. Diese Drehung ist jedoch nicht an allen Präparaten deutlich wahrzunehmen, an einzelnen scheinen die Aetzfiguren genau die Lage eines positiven Rhomboëders zu besitzen. Um weitere Versuche in dieser Richtung mit Schwefelsäure von verschiedener Concentration sowie mit anderen Säuren anzustellen, dazu fehlte es dem Verfasser leider an hinreichendem Material.

Auf den Basisflächen eines sehr grossen Binnenthaler Dolomitzwillings beobachtete der Verfasser grosse, schön ausgebildete, natürliche Aetzeindrücke, deren Flächen R parallel gehen und damit einspiegeln.

Die Ansicht Becke's, dass bei den gewöhnlichen Dolomitzwillingen ∞R als Zwillingsebene fungire, konnte der Verfasser an schönen Binnenthaler Krystallen bestätigen. Einer derselben besteht aus einem grösseren Individuum, auf welchem in Zwillingsstellung ein kleineres sitzt, mit stark horizontal gestreiftem R und sehr glänzendem $0R$. An einer nach oben gewendeten R-Fläche des ersteren

Individuums sowie an einer solchen des zweiten beobachtet man rechts und links gestreifte, Hemiskalenoëdern angehörige Vicinalflächen. Die *R*-Fläche des grossen unteren Krystalls trägt rechts zwei solche schmale, geradlinig gestreifte Flächen, welche über einander liegen und deren Streifen einen stumpfen Winkel mit einander bilden, links hingegen eine mehr bogig gestreifte Vicinalfläche[1]); bei der *R*-Fläche des oberen Individuums liegen diese Flächen in umgekehrter Ordnung, dieses Individuum kehrt also seine andere Polecke nach oben. Dies entspricht aber einer Zwillingsstellung nach ∞R, nicht nach $0R$. Sehr gut ist dieses Verhältniss auch an einem zweiten Binnenthaler Zwilling zu beobachten, bei welchem die beiden Individuen an zwei nebeneinander liegenden Flächen *R* und $\underline{R}$ deutlich die Ausbildung vicinaler Flächen (resp. die Streifung) in entgegengesetzter Anordnung zeigen. Andererseits giebt es Fälle, in welchen es wenigstens schwierig erscheint, zu entscheiden, ob nicht etwa neben ∞R auch $0R$ als Zwillingsebene fungirt. Einen solchen stellt Fig. 5 dar. Dieselbe giebt die Verhältnisse auf *R* wieder, welche ein kleiner wasserheller Binnenthaler Dolomit nach dem Aetzen (mit 1procentiger Schwefelsäure) zeigt (nur die Aetzfigur auf der links gelegenen kleinen Fläche des unteren Individuums ist, da diese Fläche nicht entwickelt ist, schematisch nach Fig. 4 ergänzt). Wie man sieht, befinden sich die zwei vorderen grossen Flächen der beiden Individuen zu einander in Zwillingsstellung nach ∞R (s. Fig. 4), doch weist die untere Fläche noch ein Zwillingsstück nach $\infty P2$ auf, welches hier zwar nicht bis zur Zwillingsgrenze der beiden Hauptindividuen reicht, auf der rechten Seite des Krystalls jedoch so weit ausgedehnt ist, dass es daselbst mit dem oberen Hauptkrystall

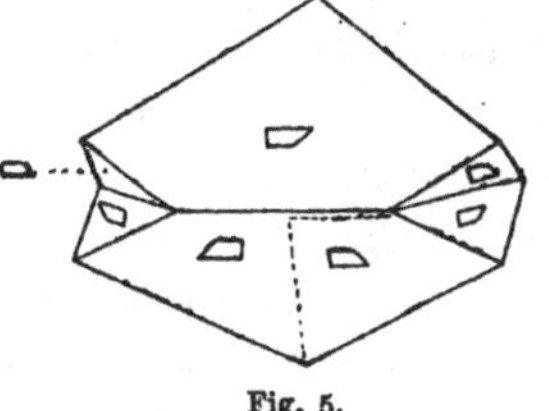

Fig. 5.

---

1) Es sind dies dieselben Vicinalflächen resp. Treppenbildung, welche Becke an den Binnenthaler Krystallen beobachtete und auf deren streng tetartoëdrische Vertheilung er aufmerksam macht. Die mit der Treppenbildung (durch Oscillation von *R* und $-\frac{1}{2}R$) auf derselben Seite auftretenden Vicinalflächen bezeichnet er mit $p\,a$ (Zone $R:\infty P2$), die auf der anderen Seite von *R* erscheinenden bogig gestreiften Vicinalflächen mit $p\,\eta$ (Zone $R:-\frac{4}{5}R$) und $p\,\varphi$ (Zone $R:-2R$).

in der horizontalen Zwillingsgrenze zusammenstösst, wenigstens ist dort etwas anderes nicht wahrzunehmen. Daselbst herrscht demnach, wenn auch vielleicht nur scheinbar, Zwillingsbildung nach $0R$. Wendet man den Krystall, so findet man wieder ein gross entwickeltes Flächenpaar R und $\underline{R}$, auf welchem die Aetzfiguren sich ausschliesslich in der durch die Zwillingsbildung nach ∞R geforderten gegenseitigen Stellung befinden.

Bei der Untersuchung des Magnesits fand Tschermak, dass auf den Spaltungsflächen desselben durch Aetzen mit Salzsäure vorzugsweise monosymmetrische, in geringer Zahl auch asymmetrische Aetzfiguren hervorgerufen werden, in letzterem Falle auf derselben Spaltungsfläche sowohl rechte als linke. Die Erscheinung des Auftretens von asymmetrischen neben monosymmetrischen, der rhomboëdrischen Symmetrie entsprechenden Aetzfiguren erklärte Tschermak durch die Annahme, dass der Magnesit an sich rhomboëdrisch krystallisire, und dass die asymmetrischen Aetzfiguren von einem für sich nicht bekannten rhomboëdrisch-tetartoëdrischen Magnesit herührten, der mit dem rhomboëdrischen verwachsen sei, oder auch durch die Annahme, dass der Magnesit durchaus tetartoëdrisch sei, dass aber die Mischung von linken und rechten Theilen meist eine so innige sei, dass dadurch die Aetzfiguren beider gewöhnlich vereinigt als monosymmetrische Vertiefungen erscheinen. Der Siderit zeigt nach Tschermak in allen Stücken eine vollkommene Analogie mit dem Magnesit; nur treten die asymmetrischen Aetzfiguren hier in grösserer Zahl auf als beim Magnesit.

Die erwähnte Abweichung mancher Aetzfiguren auf R des Magnesits und Siderits von der durch die rhomboëdrische Hemiëdrie gebotenen Symmetrie erklärte Becke später im Gegensatz zu Tschermak als eine Verzerrung, demnach als eine nicht im Wesen der Krystallstructur begründete Erscheinung. Er betrachtet beide Mineralien als rhomboëdrisch. Herr Tschermak hatte die Güte, dem Verfasser seine Präparate zu übersenden, wobei er brieflich bemerkt, dass »bezüglich der unsymmetrischen Figuren am Siderit und Magnesit jetzt wohl die Ansicht Becke's zu berücksichtigen sei, nach welcher die Formen durch Verzerrung verändert erscheinen«. Nach der Durchsicht der Präparate kann der Verfasser sich dieser Ansicht nur anschliessen. Mikr. 19 und 20 geben je ein Bild einer mit Salzsäure geätzten Magnesit- und Sideritspaltungsfläche, wobei die Polecke von *R* nach oben gerichtet ist (nach Präparaten von Herrn Tschermak). Mikr. 19 (Magnesit vom Zillerthal) zeigt sehr gut gebildete gleichschenklig-dreiseitige Aetzfiguren, welche die Basis der Polecke von *R* zuwenden. Wenngleich bei einzelnen derselben die eine der beiden theoretisch gleichartigen Aetzflächen gegenüber der anderen etwas vorwiegt, d. h. etwas weniger steil gegen die *R*-Fläche geneigt ist, so wird man — nach anderen Erfahrungen — daraus doch noch keine Abweichung von der rhomboëdrischen Symmetrie folgern können. Eine solche Verzerrung kann schon ihren Grund darin haben, dass die geätzte Spaltungsfläche, was wohl möglich, an der betreffenden Stelle ein wenig von der zu *R* genau parallelen Lage abweicht. Zudem bemerkt man auf anderen mit *HCl* geätzten Spaltungsstücken vom Zillerthal und von Snarum sehr gut gebildete, vollkommen monosymmetrisch erscheinende Aetzfiguren.

Viel stärkere Abweichungen von der rhomboëdrisch-symmetrischen Form weisen die in Mikr. 20 wiedergegebenen, gleichfalls mit *HCl* erhaltenen Aetzfiguren des Siderits (von Fowey consols, Cornwall) auf, doch ist hier zugleich die Ursache dieser Erscheinung zu sehen. Diese Aetzfiguren haben nämlich eine grosse Neigung, sich schlauchförmig ins Innere des Krystalls fortzusetzen und zwar nach verschiedenen Richtungen. Doch ist zuweilen die Richtung bei benachbarten Aetzfiguren dieselbe, wie es die für Mikr. 20 gewählte Stelle zeigt. Die schlauchförmigen Fortsätze verlaufen hier alle mehr oder weniger parallel. An anderen Stellen desselben Präparates erstrecken sich die Schläuche nach rechts und zwar wiederum bei benachbarten in gleicher Richtung. Nach derselben Seite hin erscheinen nun die Aetzfiguren verzerrt, und es ist nicht zu bezweifeln, dass beide Erscheinungen in einem causalen Zusammenhange stehen. Manche Eindrücke, an welchen die schlauchförmige Fortsetzung fehlt, zeigen eine genau oder fast genau monosymmetrische Form. Sehr stark nach zwei krystallographisch entgegengesetzten Richtungen (entsprechend den beiden Polkanten der betreffenden Rhomboëderfläche) verzerrt erscheinen die meisten Aetzfiguren des mit *HCl* geätzten Siderits von Iglo, indess bemerkt man auch hier stellenweise deutlich monosymmetrische Eindrücke.

Bekanntlich wurde von W. Retgers die Ansicht ausgesprochen und durch Gründe gestützt, dass der Kalkspath nicht eigentlich isomorph sei mit Magnesit und Siderit, und dass der bis ein paar Procente $MgCO_3$ beigemischt enthaltende Kalkspath ebenso wie der geringe Mengen $CaCO_3$ enthaltende Magnesit als sogenannte isodimorphe Mischungen zu betrachten seien. Im ersteren Falle soll der Kalkspath die kohlensaure Magnesia, im letzteren Falle der Magnesit den kohlensauren Kalk in einer zweiten labilen Modification enthalten. Andererseits seien aber Magnesit und Siderit in Wirklichkeit isomorph. Zu Gunsten der von Retgers vertretenen Ansicht sprechen die Differenzen in Winkelverhältnissen, Habitus und Molekularvolum zwischen Kalkspath einerseits und Magnesit und Siderit anderseits, sowie die bei isodimorphen Substanzen mehrfach beobachtete Thatsache der Bildung eines Doppelsalzes, hier des tetartoëdrischen Dolomits.

Schon früher wies der Verfasser darauf hin (S. 37), dass Kalkspath, Dolomit, Magnesit und Siderit sich gegenüber anderen isomorphen Reihen (z. B. den Alaunen und den nach der allgemeinen Formel $\overset{II}{R}\overset{I}{R}_2(SO_4)_2 + 6H_2O$ zusammengesetzten monoklinen Doppelsulfaten) dadurch auszeichnen, dass ihre Aetzfiguren unter einander wesentlich verschieden sind. So giebt, wie schon erwähnt, Kalkspath beim Aetzen mit Salzsäure auf den Spaltungsflächen gleichschenklig-dreiseitige Aetzfiguren, welche ihre Spitze der Rhomboëderpolecke zuwenden, während durch Behandlung mit warmer Salzsäure auf den R-Flächen des Magnesits und Siderits spitzwinklig-gleichschenklige dreiseitige Eindrücke entstehen, welche ihre Basis der genannten Ecke zukehren. Der Dolomit giebt auf R gänzlich unsymmetrische Aetzfiguren, entsprechend seiner Zugehörigkeit zur rhomboëdrischen Tetartoëdrie. Das Verhalten von Kalkspath, Magnesit und Siderit harmonirt also mit der von Retgers ausgesprochenen Ansicht, ebenso wie der Dolomit sich durch seine Aetzfiguren als einen durchaus selbständigen Körper zu erkennen giebt, welcher sich wesentlich von einer isomorphen oder isodimorphen Mischung unterscheidet.

6. Nephelin (Mikr. 21—26).

Im Jahre 1882 beobachtete der Verfasser (Zeitschr. f. Kryst. 6, 209) an dem bis dahin für holoëdrisch gehaltenen Nephelin Aetzeindrücke und Prärosionsflächen, welche darauf hinwiesen, dass derselbe der trapezoëdrischen (oder was zum nämlichen Resultate führt, der pyramidalen) Hemiëdrie in Verbindung mit Hemimorphismus nach der Hauptaxe unterworfen sei (über die Begründung dieser Auffassung siehe das Nähere l. c. S. 210 ff.). Es ist beachtenswerth, dass die Verbindung der trapezoëdrischen Hemiëdrie mit der pyramidalen auf eben dieselbe Ausbildung der Formen führen würde. Hierzu tritt nun, wie aus der verschiedenartigen Lage der Aetzfiguren auf ∞P und $0P$ hervorgeht, eine mehrfache Zwillingsbildung, und zwar nach zwei Gestzen: 1. Zwillingsebene ∞P[1]) und 2. Zwillingsebene $0P$.

Die Krystalle (vom Vesuv) wurden zunächst mit stark verdünnter wässriger Flusssäure geätzt; darauf trugen die Prismenflächen ∞P gänzlich unsymmetrische Eindrücke. Dieselben zeigen eine dreiseitige Begrenzung; zwei Seiten sind geradlinig, die dritte ist gerundet. Ferner erscheinen sämmtliche Kanten von ∞P durch je eine Prärosionsfläche, welche in schräger Richtung gerieft ist, schief abgestumpft. Die Form und Lage der Aetzfiguren auf benachbarten Prismenflächen, sowie die Prärosionsflächen (Tritoprisma) zeigt Fig. 6 für den — wenn auch in Wirklichkeit nicht vorkommenden — Fall eines einfachen Krystalls. Hierzu tritt nun der Umstand, dass in Folge der Zwillingsbildung die Prismenflächen durch deutlich erkennbare Grenzlinien in verschiedene Felder getheilt werden, auf welchen die entsprechenden Aetzfiguren im ganzen in vier Stellungen (α—δ) auftreten, wie es die schematische Figur 7a zeigt. Daselbst ist ausser ∞P und $0P$ das Deuteroprisma $\infty P2$

Fig. 6.

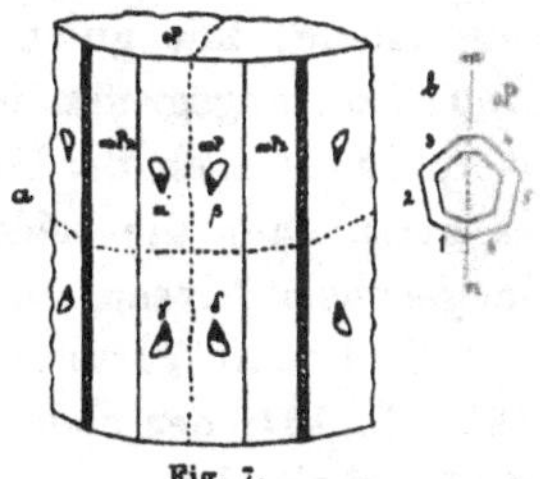

Fig. 7.

1) Früher nahm der Verfasser als Zwillingsebene $\infty P2$ an. Dass in Wirklichkeit ∞P Zwillingsebene ist, geht aus den weiter unten mitgetheilten neueren Beobachtungen der Aetzerscheinungen auf $0P$ (Mikr. 25 u. 26) hervor.

gezeichnet; ist dasselbe, wie nicht selten, ausgebildet, so treten die Prärosionsflächen stets nur an einer Combinationskante $\infty P2 : \infty P$ auf, und zwar gesetzmässig zur Lage der jeweiligen Aetzfiguren auf ∞P.

Die erwähnten Erscheinungen reichen hin, um die Art der Krystallsymmetrie erkennen zu lassen. Die beiden Basisflächen müssen wegen des Hemimorphismus physikalisch verschieden sein und können als $+0P$ und $-0P$ unterschieden werden. Durch die doppelte Verzwillingung wenden in Fig. 7a sämmtliche Einzelindividuen die nämliche Fläche $0P$ nach aussen, so dass der Hemimorphismus gleichsam wieder aufgehoben wird.

Auf der Basis treten nach kurzem Aetzen mit stark verdünnter Flusssäure wenig gute, meist stark gerundete, sechsseitige Eindrücke auf, welche einer Protopyramide zu entsprechen scheinen. In denselben giebt sich also die tetartoëdrische Ausbildung nicht zu erkennen, wenngleich sie natürlich auch nicht mit ihr im Widerspruch stehen, da die Protopyramiden durch die Tetartoëdrie äusserlich unverändert bleiben. Ein wesentlich anderes Resultat ergab jedoch die Aetzung mit erwärmter verdünnter Salzsäure. Der Verfasser beobachtete hiernach Aetzfiguren von der Form einer Tritopyramide, wie es der hier herrschenden Abtheilung des hexagonalen Systems entspricht; in einem Falle auch, gemäss der Zwillingsbildung nach ∞P, solche Pyramiden in zwei verschiedenen Stellungen. An zwei geätzten Krystallen konnte endlich deutlich ein Zerfallen der Basis in zwei Theile beobachtet werden, von welchen der eine stärker, der andere, mit guten Aetzfiguren bedeckte, weniger stark vom Aetzmittel angegriffen war. Dies entspricht dem erwähnten Hemimorphismus nach der Hauptaxe und der Zwillingsbildung nach $0P$; es treten dann die beiden Flächen $+0P$ und $-0P$ neben einander in gleichem Niveau auf.

C. Tenne äusserte in einer Besprechung (N. Jahrb. f. Min. etc. 1883, 2, 234) der oben citirten Arbeit des Verfassers Zweifel an der Zulässigkeit der gegebenen Erklärung und theilte als das Resultat eigener Versuche mit, dass er nur an solchen Nephelinkrystallen die unsymmetrischen Aetzfiguren auf ∞P erhalten habe, welche bei der voraufgegangenen Messung eine Abweichung des Prismenwinkels bis um 6—7′ von dem geforderten Werthe von 60° hatten erkennen lassen. Solche Krystalle hingegen, welche keine derartige Abweichung resp. nur eine solche von 1′ zeigten, hätten auch beim Aetzen keine unsymmetrischen Eindrücke geliefert. Hierauf stellte der Verfasser (Zeitschr. f. Kryst. 18, 611) eine Reihe neuer Messungen und Versuche an und gelangte zu dem Resultate, dass zwar an den Nephelinkrystallen derartige geringe Schwankungen des Prismenwinkels vorkommen, dass aber auch Krystalle, bei welchen jene Abweichungen nur 4½′ bis hinab zu nur ½′ betrug, die unsymmetrischen Eindrücke lieferten. Er fand ferner, dass der Concentrationsgrad der angewandten Säure bei gewissen Nephelinkrystallen von grossem Einfluss auf das Auftreten deutlicher Aetzfiguren ist. Nach seinen Versuchen ist es wahrscheinlich, dass die von Tenne geprüften Krystalle, bei welchen derselbe die unsymmetrischen Eindrücke nicht erhielt (er scheint überhaupt an denselben keine Eindrücke erhalten zu haben), solche nur aus dem Grunde nicht gaben, weil die angewandte Flusssäure nicht den richtigen Concentrationsgrad besass, indem sie wahrscheinlich noch zu concentrirt war.

Im Folgenden soll nun eine Reihe besonders instructiver Aetzpräparate des Nephelins, sowohl solcher nach ∞P als nach $0P$, besprochen werden. Dieselben wurden zum Theil früher, zum Theil erst in neuester Zeit vom Verfasser erhalten.

a. Präparate nach ∞P.

Mikr. 21 stellt einen Theil einer mit Flusssäure geätzten Prismenfläche dar, auf welchem die Aetzfiguren wesentlich in zwei verschiedenen, nach $0P$ zu einander symmetrischen Stellungen auftreten. Links erblickt man eine Prismenkante. Die unregelmässig gekrümmte Zwillingsgrenze ist sehr deutlich wahrzunehmen. An derselben stossen hier und da zwei Eindrücke entgegengesetzter Lage zusammen.

Mikr. 22 zeigt gleichfalls sehr gut die Aetzfiguren in zwei abweichenden Stellungen, sowie scharf die Zwillingsgrenzen. Dabei fällt besonders unten ein deutlich umgrenztes Gebiet auf, welches sich in Zwillingsstellung zu seiner Umgebung befindet. Daselbst sowie an anderen Stellen sieht man wieder gut ausgebildete Zwillingseindrücke. Das ganze Bild bringt die eigenthümliche Art des Baues der Nephelinkrystalle gut zur Anschauung.

b. Präparate nach $0P$.

Mikr. 23. Dieser mit Salzsäure geätzte Krystall lässt erkennen, dass die Basis in zwei verschieden beschaffene Theile zerfällt. Vor dem Aetzen bemerkte man auf der gleichmässig glänzenden Fläche eine ganz leichte Knickung da, wo nunmehr die Grenze jener beiden Theile verläuft (auf dem Bilde von oben links nach unten rechts; das Mikrogramm ist durch die über das Präparat sich hinziehenden, dunkel erscheinenden Aetzfurchen entstellt). Nach dem Aetzen erweist sich der eine Flächentheil (links) stärker angegriffen als der andere (rechts). Letzterer ist bedeutend glänzender geblieben und im Gegensatz zum ersteren, der viele, aber undeutliche, dichtgedrängte Eindrücke trägt, nur von einzelnen, zum Theil recht scharfen Aetzfiguren von der Stellung einer Tritopyramide bedeckt. Auch ist nur an den Kanten des glänzender gebliebenen Theiles zu ∞P eine Abstumpfung durch schmale Pyramidenflächen wahrzunehmen. Die an beide Theile von $0P$ anstossende Prismenfläche ∞P zeigt sich im Gegensatze zu jenen vom Aetzmittel überall gleich stark angegriffen; deutliche Aetzfiguren sind auf ihr durch die Salzsäure freilich nicht hervorgerufen worden. Der geschilderte Befund deutet darauf hin, dass hier eine Verwachsung zweier Krystalle in verwendeter Stellung vorliegt nach dem Gesetze: Zwillingsebene $0P$, wodurch die in Folge des Hemimorphismus nach der Hauptaxe differenten Basisflächen $+0P$ und $-0P$ in ein Niveau fallen und sich durch ihr verschiedenes Verhalten gegen das Aetzmittel unterscheiden (s. über diesen Krystall auch Zeitschr. f. Kryst. 6, 214—215 und Tafel IV, Fig. 6).

Eine ganz ähnliche Verschiedenheit der Theile der Basis nach dem Aetzen mit Salzsäure beobachtete der Verfasser an einem anderen Krystall. Auch hier war der glänzendere Theil mit Eindrücken bedeckt, welche einer Tritopyramide entsprechen, während auf dem stärker angegriffenen die Gestalt und Lage der dichtgedrängten Aetzfiguren nicht mit Sicherheit ermittelt werden konnte. Später wurde dasselbe Präparat noch mit einer verdünnten Mischung von HCl und H_2SO_4 behandelt, wonach die Eindrücke auf dem weniger angegriffenen Theile ($+0P$) sehr schön ausgebildet erscheinen. Auch die anderen, auf $-0P$ liegenden, sechsseitigen Eindrücke sind nun zum Theil schärfer ausgebildet. Sie besitzen eine wesentlich andere Lage als die ersteren und nähern sich sehr einer Protopyramide.

Mikr. 24. Die jüngsten Bemühungen des Verfassers, gute Präparate der geätzten Basis des Nephelins zu erhalten, waren mehrfach von Erfolg begleitet. Verfasser bediente sich hierbei einer kalten Mischung von etwa 1 Theil Salzsäure, $\frac{1}{2}$ Theil Schwefelsäure und 6 Theilen Wasser, wie er sie auch zur Aetzung des Boracits anwandte. Indess wurde hier diese Mischung zuweilen noch stärker verdünnt. Bei der beim Nephelin vorhandenen Schwierigkeit, gute Aetzpräparate der Basis zu erhalten, kommt man von selbst dazu, abwechselnd Säuren von verschiedener Concentration anzuwenden, in der Hoffnung, dann einmal das Richtige zu treffen. Nothwendig ist dabei, fortwährend mikroskopisch die Entwicklung der Aetzfiguren zu verfolgen. Verfasser beobachtete deshalb den zu ätzenden Krystall, während er in einem geeigneten Gefäss der Wirkung der Säure ausgesetzt war, beständig unter dem Mikroskop. Es gelang nun zwar häufig, auf der Basis einzelne, gut ausgebildete sechsseitige Aetzfiguren von der Lage einer Tritopyramide zu beobachten, jedoch waren diese Eindrücke nicht oft in den beiden durch die Zwillingsverwachsung bedingten Stellungen neben einander zu sehen. Dies liegt wohl darin begründet, dass diese Aetzfiguren meist überhaupt nur vereinzelt gut ausgebildet sind, so dass es leicht vorkommen kann, dass von den Vertiefungen einer Stellung an dem betreffenden Präparate keine einzige ihre Gestalt und Lage deutlich erkennen lässt. Um so erfreulicher war es dem Verfasser, an einem vortrefflich ausgebildeten grossen Krystall nach dem Aetzen mit der oben erwähnten Säuremischung sehr schöne und zahlreiche sechsseitige Aetzfiguren, einer Tritopyramide entsprechend und in beiden Stellungen auftretend, beobachten zu können. Der betreffende Krystall wurde schon in der zweiten, oben citirten Arbeit (Zeitschr. f. Kryst. 18, 612 u. f.) erwähnt. Es wurden an ihm zahlreiche Messungen gemacht; es sei hier nur angeführt, dass $\infty P : 0P$ gefunden wurde zu 90° 1′, 89° 57$\frac{3}{4}$′, 89° 57$\frac{1}{2}$′; ferner bei einer besonders guten Messung $\infty P : \infty P = 60° \, 0\frac{1}{4}'$. Auch gab damals schon eine Prismenfläche beim Aetzen mit sehr stark verdünnter wässriger Flusssäure deutliche unsymmetrische Aetzfiguren.

Die auf der Basis auftretenden regulär-sechsseitigen Eindrücke entsprechen, wie bemerkt, einer Tritopyramide (Messungen s. unten) und treten in zwei Stellungen auf, welche auf Zwillingsbildung zurückzuführen sind. Die Eindrücke beider Stellungen erscheinen wohl durch eine zarte Linie, welche die Zwillingsgrenze darstellt, getrennt. Diese Linie geht in einem Falle, wo sie ungefähr gerade verläuft, einer Kante $0P : \infty P$ parallel, wobei die beiderseitigen Eindrücke auch nach dieser Kante zu einander symmetrisch liegen. Auch bemerkt man wohl, dass die Zwillingsgrenze durch einen Eindruck hindurchgeht, wobei der letztere jedoch nicht einfach. sondern ein Zwillingseindruck ist, welcher aus zwei in Zwillingsstellung befindlichen Theil-Eindrücken besteht. Diese Erscheinung wurde jedoch schöner an einem zweiten, gleich zu besprechenden Präparate beobachtet. In Mikr. **24** verläuft eine Grenze von links oben nach rechts unten. Auf beiden Seiten derselben liegen die Eindrücke in ungleicher Stellung. Obgleich eine genaue Angabe über die Concentration der zum Aetzen dieses Krystalls benutzten Säuremischung nicht gemacht werden kann, so wurden doch einige Messungen hinsichtlich der Lage der Aetzfiguren auf $0P$ angestellt. An Eindrücken der einen Stellung fand Verfasser den kleinsten Neigungswinkel der Seiten zur Kante $\infty P : 0P$ (wie oben beim Apatit):

$$\varepsilon = 10^\circ\ 11',\ 10^\circ\ 32',\ 10^\circ\ 40';\ \text{Mittel: } 10^\circ\ 28';$$

an Eindrücken der anderen, entgegengesetzten Stellung:

$$\varepsilon = 9^\circ\ 54',\ 9^\circ\ 8',\ 9^\circ\ 45';\ \text{Mittel: } 9^\circ\ 36'.$$

Die Differenz ist, in Anbetracht der immerhin nur angenäherten Messungen, verhältnissmässig gering, so dass man sagen darf, die Eindrücke beiderlei Stellung zeigen dieselbe Lage zur Kante $0P : \infty P$, nur sind sie, der Zwillingsbildung entsprechend, zu einer solchen Kante entgegengesetzt gerichtet. Bemerkenswerth ist noch, dass die Vertiefungen an ihrem Grunde von einer sechsseitigen Basisfläche begrenzt werden, deren Umriss mehr oder weniger gegen die äussere Umgrenzung der ganzen Aetzfigur gedreht ist, und zwar in der Weise, dass die Neigung dieser inneren regulär-sechsseitigen Figur zur Kante $0P : \infty P$, also der Winkel ε, eine grössere ist. Es betrug in verschiedenen Fällen diese Neigung: 19° 20′, 18° 34′, 15° 12′, 15° 33′, 13° 4′, 12° 44′, 11° 26′; diese Werthe schwanken also im Gegensatz zu den für den äusseren Umriss erhaltenen (s. oben) zwischen weiten Grenzen, sie beginnen mit 19—20°, sind in anderen Fällen kleiner, bis schliesslich kaum mehr ein Unterschied in der Lage der inneren und der äusseren Umrisslinien zu bemerken ist. Irgend eine Gesetzmässigkeit hinsichtlich dieser Schwankungen in der Lage des inneren Sechsecks konnte der Verfasser nicht ermitteln. Es war selbst bei dicht neben einander liegenden Eindrücken der Unterschied in der Lage des inneren Umrisses ein erheblicher, indem die Differenz in solchen Fällen bis zu etwa 4° betrug.

Bei den Aetzfiguren beider Stellungen ist die beschriebene Ausbildung resp. die Drehung des inneren Umrisses gegen den äusseren entgegengesetzt gleichsinnig, so dass hierin sowohl die allgemeine Gesetzmässigkeit der Erscheinung selbst, als auch die Zwillingsverwachsung deutlich hervortritt.

Mikr. 25 und 26 geben zwei Stellen der Basis eines Krystalles wieder, welcher zuerst mit verdünnter wässriger Flusssäure behandelt worden war, wodurch sich jedoch auf $0P$ nur rundliche Eindrücke gebildet hatten. Er wurde nun, wie der vorige, mit einer verdünnten kalten Mischung von Salz- und Schwefelsäure geätzt. Dabei traten auf $0P$ an den mehrfach deutlich erkennbaren Zwillingsgrenzen Aetzfiguren auf, welche die Verwachsung nach mehreren, zu einander geneigten Zwillingsebenen schön zur Erscheinung brachten. Diese Zwillingseindrücke sind hier abgebildet. Es wurde schon oben erwähnt, dass eine Zwillingsgrenze auf der Basis einer Kante $0P:\infty P$ parallel lief; dieser Umstand deutete darauf hin, dass die Zwillingsebene nicht, wie Verfasser früher annahm, $\infty P2$, sondern die dazu senkrechte ∞P sei. Auch die in Mikr. 25 und 26 wiedergegebenen Zwillingseindrücke nebst den zuweilen recht deutlichen Zwillingsgrenzen weisen auf ∞P als Zwillingsebene hin. Die Aetzfiguren auf Mikr. 25 (s. auch Fig. 7b) sind symmetrisch nach der hier vertical verlaufenden, nur zum Theil gut ausgebildeten Kante $0P:\infty P$ (verzwillingt nach der betreffenden Prismenfläche); die Zwillingsgrenze, welche sich durch die beiden gut gebildeten Eindrücke zieht, ist deutlich zu sehen. Auf Mikr. 26 verlaufen die Zwillingsgrenzen theilweise gerad-, theilweise krummlinig resp. gebrochen (letzteres unten links). Zwei Kanten $0P:\infty P$ sind daselbst oben sichtbar, die dritte geht vertical.

Verfasser mass die Neigung der Seitenlinien 1—6 (Fig. 7b) einiger Eindrücke zur Zwillingsgrenze (da, wo dieselbe als gerade Linie erscheint) und fand beispielsweise folgende Werthe (es entsprechen einander 1 und 6, 2 und 5, 3 und 4):

1 . . .	69° 42′ . . .	68° 54′ (ca.)
2 . . .	10° 48′ . . .	10° 20′
3 . . .	49° 0′ . . .	—
4 . . .	47° 59′ . . .	48° 5′
5 . . .	10° 14′ . . .	10° 48′
6 . . .	68° 29′ . . .	69° 34′

Unter Berücksichtigung der nach der Ausbildungsweise der Aetzfiguren und der hier anzuwendenden starken Vergrösserung immer nur angenäherten Messungen darf man aus diesen Zahlen folgern, dass die beiderseitigen Hälften resp. die mit einander zu einer Zwillingsfigur verbundenen Aetzfiguren zur Zwillingsebene, also auch zu der entsprechenden Kante $0P:\infty P$ symmetrisch liegen. Aus den angeführten Zahlen ergiebt sich zwar stellenweise eine ziemlich beträchtliche Abweichung der beiderseitigen ebenen Winkel der Aetzfiguren von 60°, indess wurden auch wieder an anderen Eindrücken Winkel gefunden, welche dem theoretischen sehr nahe kommen (z. B. 60° 15′, 59° 47′).

7. Datolith (Mikr. 28—33).

(Aetzfiguren und Prärosionsflächen desselben nebst Bemerkungen über Prärosionsflächen überhaupt).

Während es schon durch die Beobachtungen von Laspeyres und dem Verfasser bekannt war, dass die Gestalt der Aetzfiguren von der Art des Aetzmittels abhängig ist, machte Becke zuerst darauf aufmerksam, dass die Säuren und die Basen als Aetzmittel angewandt einen gesetzmässigen Gegensatz in der Art und Form der durch sie hervorgerufenen Aetzfiguren (Eindrücke und Aetzhügel) bedingen, so dass man sagen kann, Aetzmittel von chemisch analoger Wirkung rufen auch analoge, solche von chemisch ungleicher Wirkung gleichsam entgegengesetzte Aetzerscheinungen hervor. Becke zeigte dies eingehend an den Aetzflächen und Aetzzonen mehrerer regulär krystallisirender Mineralien. Es lässt sich erwarten, dass ein ähnlicher Gegensatz auch hinsichtlich der von Hamberg als Prärosionsflächen bezeichneten Abstumpfungen gewisser Krystallkanten (in Folge der Aetzung) bestehen wird. In der

That hat der Verfasser schon vor längerer Zeit (1878) in einer Arbeit über die Aetzerscheinungen des Quarzes (Zeitschr. f. Kryst. **2**, 113) auf einen solchen Gegensatz hingewiesen und zwar mit folgenden Worten: »Durch die nur kurze Zeit währende Einwirkung von geschmolzenem Aetzkali im Platintiegel entstehen an den Quarzkrystallen mehrere neue Flächen, insbesondere eine schiefe Abstumpfung der Hälfte der Kanten $+R:-R$ und eine analoge Zuschärfung von $\infty R:\infty R$. Die erstere tritt nur an denjenigen Kanten $+R:-R$ auf, an welchen die natürlichen Flächen s, x etc. fehlen. Sie gehört einem Trapezoëder an, und zwar, wie man durch Spiegelnlassen leicht erkennen kann, bei rechten Krystallen einem rechten negativen, bei linken einem linken negativen. — Die Zuschärfung von $\infty R:\infty R$ entspricht einem dihexagonalen Prisma, welches jedoch wegen der Tetartoëdrie nur mit sechs Flächen erscheint und diejenigen abwechselnden Kanten von ∞R zuschärft, an die oben und unten die erwähnten künstlichen Trapezoëderflächen stossen. Ausser diesen besonders deutlichen Aetzflächen (jetzt Prärosionsflächen) gewahrt man noch eine sehr schmale Abstumpfung der Kanten $-R:s$. Wir haben es also hier bei rechten Krystallen mit einem linken negativen, bei linken Krystallen mit einem rechten negativen Trapezoëder zu thun. — Betrachten wir die Projection der Flächen $+R$, $-R$ und s auf die Basis in Fig. 7a und b (der citirten Abhandlung), so finden wir dort 3 (punktirte) Kanten $+R:-R$ an s, sowie 3 (gestrichelte), welche nicht an s stossen; ferner 3 (punktirte) $+R:s$ und 3 (gestrichelte) $-R:s$. Nun stumpft Flusssäure (nach Leydolt) die drei punktirten Kanten $+R:-R$, Aetzkali die drei gestrichelten $+R:-R$ ab, ferner Flusssäure die drei punktirten $+R:s$, Aetzkali hingegen die drei gestrichelten $-R:s$ ab: der vollkommenste Gegensatz! Durch Aetzen mit Flusssäure wird keine Zuschärfung von Kanten $\infty R:\infty R$ erhalten oder doch nicht angegeben.«

Eingehende Beobachtungen über Aetzfiguren und Prärosionsflächen am Quarz, hervorgerufen durch eine wässrige Lösung von kohlensauren Alkalien bei höherer Temperatur (150°), sowie durch verdünnte wässrige Flusssäure machte neuerdings F. Molengraaff (Zeitschr. f. Kryst. **14**, 173). Derselbe nennt beim Quarz diejenigen Prismen- und Polkanten negativ, an welchen die Rhombenflächen s

und die Trapezoëderflächen auftreten, d. h. diejenigen, welche beim Abkühlen negative Elektricität zeigen; positiv diejenigen, an welchen diese Flächen fehlen und welche beim Abkühlen positiv elektrisch werden. Molengraaff fand, dass folgende Kanten bei jenen Aetzungen eine Abstumpfung erfahren, und zwar der angeführten Reihenfolge nach in abnehmendem Masse:

a. Aetzung durch kohlensaure Alkalien[1].	b. Aetzung durch Flusssäure.
1. $-(R:r)$, $R:s$.	1. $R:R$, $-(R:r)$, $R:s$.
2. $R:R$, $r:s$, $+(R:g)$.	2. $r:s$, $-(g:g)$.
3. $+(R:r)$, $+(g:g)$, $s:g$.	3. $+(R:r)$, die horizontalen
4. $-(g:g)$, $R:g$, $r:g$, $R:x$, $x:g$.	Kanten $R:g$ und $r:g$, $+(g:g)$.

Hier ist nun der Gegensatz im allgemeinen ein viel weniger scharfer, wie schon daraus hervorgeht, dass bei beiden Aetzmitteln die Kanten $-(R:r)$ und $R:s$ in erster Reihe stehen. Dies entspricht jedoch dem Umstande, dass Molengraaff zur Aetzung nicht freies Alkali, sondern kohlensaure Alkalien verwandte, also Substanzen, welche in ihrer Wirkung zwischen einer Basis und einer Säure stehen. Dennoch ist die charakteristische basische Wirkung dieser Salze noch gut zu erkennen, indem die positiven Kanten $R:r$, $g:g$ und $R:g$, welche bei Anwendung von Flusssäure nur sehr schwach oder gar nicht angegriffen werden, nach der Aetzung mit kohlensauren Alkalien sehr deutliche Prärosionsflächen tragen. Dieser Unterschied ist weniger deutlich aus obiger Zusammenstellung, als aus den sehr lehrreichen Figuren 12—15 der Tafel II zur Molengraaff'schen Arbeit zu ersehen. Er erinnert bestimmt an den oben vom Verfasser hervorgehobenen Gegensatz.

Die von dem Aetzmittel besonders angegriffenen Kanten eines Krystalls können fast continuirlich gerundet erscheinen, in welchem Falle man kaum von Prärosionsflächen reden kann, oder es entstehen daran weniger gekrümmte Flächen, welche sich krystallographisch möglichen Flächen, oft mit complicirten Indices, nähern resp. als damit identisch angesehen werden können. Dieselben liegen fast

1) $R=+R$, $r=-R$, $s=\frac{2P2}{4}$, $g=\infty R$, $x=\frac{6P\frac{6}{5}}{4}$.

stets in der Zone der geätzten Kante. Solcher Flächen wies Molengraaff mehrere an mit kohlensauren Alkalien oder Flusssäure geätzten Quarzkrystallen nach. Dieselben treten manchmal in solcher Lage auf, dass sie als Krystallflächen betrachtet nicht in Einklang zu bringen sind mit dem für den Quarz angenommenen Gesetze der Enantiomorphie der trapezoëdrisch-tetartoëdrischen Abtheilung des hexagonalen Krystallsystems. Dasselbe gilt z. Th. von den vom Verfasser bei der Aetzung mit KHO am Quarz beobachteten Prärosionsflächen. Molengraaff kommt deshalb zu dem Schlusse, dass viele der seltenen Flächen am Quarz, welche Formen mit complicirten Indices angehören und alle Flächen, welche der trapezoëdrischen Enantiomorphie des Quarzes nicht entsprechen, keine eigentlichen Krystallflächen, sondern Prärosionsflächen seien. Schon früher (l. c. S. 119) hatte der Verfasser die Ansicht geäussert, dass eventuell basische Salze in Lösung in der Natur auf gewisse Quarze corrodirend eingewirkt und neue Flächen an ihnen hervorgerufen haben. Er blieb damit offenbar sehr wenig von der Wahrheit entfernt; doch weist demgegenüber Molengraaff ausdrücklich darauf hin, dass nach seinen Versuchen neutrale Salze (die basisch reagirenden kohlensauren Alkalien) die Quarzätzer in der Natur gewesen seien.

Dass die Prärosionsflächen in naher Beziehung zu den auf den anstossenden Krystallflächen entstehenden Aetzfiguren stehen werden, lässt sich voraussehen. In der That beobachtet man z. B. am Nephelin, wie die an den abwechselnden Prismenkanten $\infty P : \infty P2$ auftretenden Abstumpfungen gleichsam von dicht an einander gefügten Aetzeindrücken gebildet werden. Molengraaff wies nach, dass die an den positiven Prismenkanten des Quarzes von Carrara auftretende natürliche Prärosionsfläche $d = \frac{\infty P2}{4}$ durch das Fortwachsen der den benachbarten Prismenflächen angehörigen Aetzfiguren entstanden sei. Als eine Beziehung zwischen Aetzfiguren und Kantenabstumpfung am Quarz desselben Fundortes erwähnt er, was auch schon vom Rath beobachtet hatte, dass die Zuschärfungen an den Polkanten des Dihexaëders oft zugleich einspiegeln mit den inneren Aetzflächen der Aetzfiguren auf den nächstliegenden Rhomboëderflächen. Dasselbe bestätigte neuerdings C. Gill (Zeitschr. f.

Kryst. **22**, 123). Dies würde darauf hindeuten, dass in einem solchen Falle die Prärosionsflächen als Aetzflächen, also als solche Flächen zu betrachten seien, welche dem Aetzmittel einen relativ grossen Widerstand entgegensetzen. Anderseits ist zu bemerken, dass die Prärosionsflächen sehr häufig mehr oder weniger gewölbt und mit Unebenheiten resp. kleinen Erhöhungen bedeckt sind. Schon Leydolt sagt von den durch Flusssäure am Quarz erzeugten schmalen Flächen, sie seien gewöhnlich etwas uneben und meist gestreift. Molengraaff bezeichnet die verschiedenen Prärosionsflächen des Quarzes als »rauh, schuppig, durch schuppenartige Höcker rauh, mit schuppenartigen Erhöhungen bedeckt, wulstig, mit kleinen Hügeln bedeckt«. Dasselbe trifft auch für die Prärosionsflächen anderer Krystalle zu. Hiernach würden derartige Prärosionsflächen eher als (mit Aetzhügeln bedeckte) Lösungsflächen im Sinne Hamberg's, denn als Aetzflächen im Sinne Becke's zu bezeichnen sein.

C. Gill machte darauf aufmerksam, dass die Angreifbarkeit der verschiedenen Kanten des Quarzes, also die Entstehung der Prärosionsflächen nicht allein von der jedesmaligen Lage der Kante resp. von der Angreifbarkeit des Krystalls in der Richtung senkrecht zu derselben, sondern auch von der Grösse des betreffenden inneren Kantenwinkels abhinge. Er ätzte, wie schon S. 33 erwähnt wurde, eine aus einem Linksquarz geschliffene Kugel von 7,170 mm Radius mit einer Lösung von kohlensaurem Kali und und beobachtete nach der Aetzung die Abnahme des Radius nach verschiedenen Richtungen. In der folgenden Tabelle stellt er nun die von Molengraaff an carrarischen Krystallen beobachteten (durch natürliche Aetzung entstandenen) Kantenabstumpfungen zusammen 1. mit der Grösse des inneren Winkels der betreffenden Kante, 2. mit der Abnahme des zu dieser Kante senkrechten Radius der mit K_2CO_3 geätzten Kugel. Die Reihenfolge ist diejenige der (von Molengraaff beobachteten) relativen Angreifbarkeit.

1. Die positiven Prismenkanten (120°, 0,12 mm), die Polkanten des Hauptrhomboëders (94° 15′, 0,31 mm), die Kanten zwischen R und g an der positiven Polkante (in der Zone $r R g$; 113° 8′, 0,32 mm).

2. Die negativen Polkanten des Dihexaëders (133° 44′, 0,41 mm) und die Kante zwischen R und s (151° 6′, 0,33 mm?).

3. Die positiven Polkanten des Dihexaëders (133° 44′, 0,19 mm) und die Kanten zwischen *r* und *s* (151° 6′, 0,28 mm?).

4. Die negativen Prismenkanten (120°, 0,06 mm), die Kanten zwischen *R* und *x* (149° 44′), die schärferen Kanten zwischen *x* und *g* (125° 17′), und die Kanten zwischen *s* und *g* (142° 3′).

5. Die Kanten zwischen den Rhomboëdern *R* und *r* und dem Prisma *g* (141° 47′, 0,10 mm).

Hieraus sieht man, dass die scheinbare Angreifbarkeit einer Kante nicht nur von der Richtung, sondern auch von dem Winkel abhängig ist. Zum Beispiel sind die von Molengraaff in die zweite Reihe gestellten Kanten in normaler Richtung nicht so widerstandsfähig wie die in der ersten Reihe; in Folge ihres grösseren inneren Winkels aber zeigen sie eine geringere Angreifbarkeit. Wo zwei gleichwinklige Kanten zu vergleichen sind, da findet man immer für die von Molengraaff bei natürlicher Aetzung beobachtete Angreifbarkeit dasselbe Verhältniss, wie es bei der Aetzung der Kugel mit K_2CO_3 sich ergab. Ein auffallender Beweis für die Genauigkeit der Uebereinstimmung zeigt sich bei den Kanten zwischen Rhomboëder und Prisma, wo die von Molengraaff als gleichwerthig angegebenen Kanten $R:g$ und $r:g$ nach Messungen an der Kugel ebenfalls als gleich widerstandsfähig sich ergeben. Aus diesen Verhältnissen schliesst auch Gill, dass in der That die natürliche Aetzung des Quarzes auf die Einwirkung alkalischer Carbonate zurückzuführen sei.

Vergleicht man die obige Tabelle mit der auf dieselbe (mit K_2CO_3 geätzte) Kugel bezüglichen auf S. 33, so gelangt man zu dem Resultate, dass im allgemeinen beim Quarz diejenigen Kanten am ersten durch Prärosionsflächen ersetzt werden, zu welchen senkrecht der Krystall dem Aetzmittel den geringsten Widerstand entgegensetzt. Daraus folgt dann aber, worauf oben schon hingewiesen wurde, dass die Prärosionsflächen im allgemeinen als Lösungsflächen, nicht aber als Aetzflächen zu betrachten sind. Hierbei ist allerdings zu berücksichtigen, dass Lösungs- und Aetzflächen mehr die Extreme einer fortlaufenden Reihe, denn scharf von einander geschiedene Flächenarten darstellen.

Die Verschiedenheit der Wirkung ungleichartiger Aetzmittel hinsichtlich der erzeugten Aetzfiguren und Prärosionsflächen war bisher eingehender nur an regulären und hexagonalen Krystallen untersucht worden. Es lag deshalb nahe, hierzu einmal ein Mineral zu wählen, welches einem wenig symmetrischen System angehört. Hierzu boten sich dem Verfasser gut ausgebildete Datolithkrystalle dar, welche derselbe einer Stufe von Serra dei Zanchetti entnahm. Es ist dies das Vorkommen, welches bekanntlich zuletzt eingehend von Brugnatelli (Zeitschr. f. Kryst. **13**, 151) untersucht worden ist. In der Prismenzone treten daran besonders auf *m* (120), *g* (110) und *t* (320), auch *a* (100) und *b* (010); an der Endigung bemerkt man namentlich die Formen *c* (001), *M* (011), *x* (101), *n* (122), *ν* ($\bar{1}$22), *ε* ($\bar{1}$11), indes treten auch noch zahlreiche andere Formen mit meist sehr kleinen Flächen auf[1]). Ausser an diesen Krystallen machte der Verfasser einige Beobachtungen an solchen von der Seisser Alp, welche bekanntlich durch starke Ausdehnung von *x* (101) oft tafelförmig erscheinen. Als Aetzmittel wurde erwärmte Salzsäure in verschiedenen Graden der Verdünnung (einmal auch Schwefelsäure) und starke Kalilauge benutzt; die letztere wurde dabei bis zur fast vollständigen Verdampfung des Lösungswassers erhitzt.

Die Figg. 8 und 9 zeigen einen Krystall, geätzt mit *HCl*, und

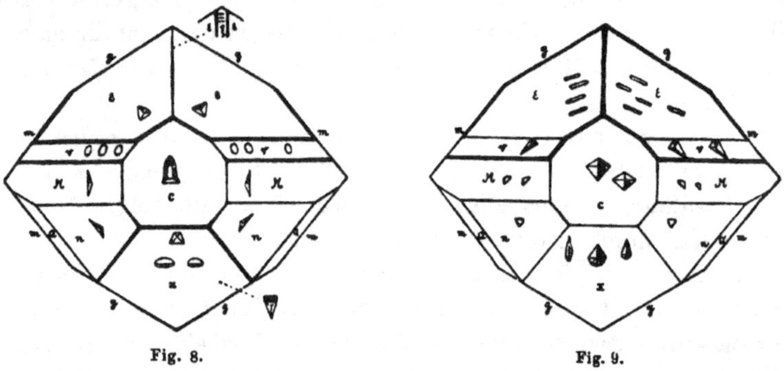

Fig. 8. Fig. 9.

einen solchen, geätzt mit *KHO*, beide in der Richtung der Verticalaxe resp. in der Projection auf die Basis ($\beta = 89° 51' 20''$) gesehen. Ausserdem geben Mikr. 28—33 Bilder von ganzen geätzten Krystallen

1) Axenverhältniss und Bezeichnung der Flächen sind hier die von Hintze in seinem Handbuch der Mineralogie (S. 164) angewandten.

in derselben Stellung (resp. von einem grösseren Theile derselben), sowie von geätzten Flächen *c* (001), und *x* (101). Die mit Salzsäure geätzten Krystalle (Fig. 8) tragen auf *c* längliche, nach der Axe *a* gestreckte Aetzfiguren, deren eine Seite der Kante *c* : *x* parallel geht, während zwei annähernd in der Richtung der Kanten *c* : *M* verlaufen (s. auch Mikr. **29**, wo diese Eindrücke, wenn auch sehr klein, doch deutlich sichtbar sind). Nach hinten zu sind die Eindrücke zugespitzt. Besonders ausgeprägt ist für die Aetzflächen dieser Figuren die Zone *c* : *x* (die betreffende Fläche entspricht einem positiven Hemidoma), darnach die Zone *c* : *M*. Die letztere Zone beherrscht auch die auf *M* erscheinenden langgestreckten Aetzfiguren (s. ausser Fig. 8 Mikr. **28** und **29**), deren eine längste Seite der Kante *M* : *c* parallel geht, während die beiden anderen, unter sehr stumpfem Winkel zusammenstossenden dieser Kante zugewendet sind. Wenn die Kante *ε* : *ε* durch *ξ* ($\bar{1}$01) abgestumpft ist (Fig. 8 oben), so entstehen auf letzterer Fläche linienförmige Eindrücke, welche der Kante *c* : *ξ* parallel liegen, also der schon erwähnten Zone *c* : *x* entsprechen. Auf *x* bemerkt man meist nach der Kante *c* : *x* gestreckte, sonst jedoch wenig vollkommene und oft dicht gedrängte Aetzfiguren. Zuweilen zeigen sie vier Aetzflächen; zwei liegen in der Zone *c* : *x*, während die beiden anderen einer negativen Hemipyramide entsprechen. An den Krystallen von der Seisser Alp beobachtete Verfasser auf *x* nach der Aetzung mit *HCl* eigenthümliche Eindrücke, wie sie Mikr. **30** und Fig. 8 unten rechts wiedergiebt; dieselben bestehen im wesentlichen aus einer rechteckigen Vertiefung, welche wegen der Steilheit ihrer Flächen sehr dunkel erscheint, zwei Seiten gehen parallel *x* : *c*. An der der Kante *x* : *c* abgewandten Seite der Aetzfiguren bemerkt man eine spitze Fortsetzung, welche von drei sehr wenig gegen *x* geneigten Flächen gebildet wird (Vertiefung oder Aetzhügel?). Die Flächen *ν* ($\bar{1}$22) zeigen längliche Aetzfiguren, welche in der Regel unvollkommen ausgebildet und stark gerundet sind; sie besitzen ihre grösste Ausdehnung etwa in der Richtung senkrecht zur Kante *ν* : *M*. Bei etwas stärkerer Aetzung erscheint die Fläche mit diesen Aetzfiguren (Aetzhügeln?) dicht bedeckt, wodurch sie einen sammetartigen Glanz annimmt. Für die Aetzung mit Salzsäure besitzt *ν* den Charakter einer Lösungsfläche. Die Flächen *ε* sind nach dem Aetzen meist recht glänzend, dennoch ist nicht anzunehmen, dass sie mehr als die anderen dem Angriffe der Säure widerstehen. Im Gegentheil ist es nach dem Aussehen der Flächen wahrscheinlicher, dass sie, wenngleich kaum deutliche Aetzfiguren tragend, im ganzen ziemlich stark angegriffen resp. gleichmässig abgetragen werden, ähnlich wie es nach einer früher vom Verfasser gemachten Beobachtung mit $+R$ des Quarzes beim Aetzen mit geschmolzenem KHO der Fall ist. Hierfür spricht auch der Umstand, dass auf *s* nach der Aetzung vereinzelte Aetzhügel erscheinen, welche im Falle der — freilich seltenen — regelmässigsten Ausbildung die in Fig. 8 wiedergegebene Form besitzen. Ihre Natur als Aetzhügel wurde mit Hülfe der Verstellung des Mikroskoptubus erkannt. Auf *n* bemerkt man verhältnissmässig seltene gestreckte Aetzfiguren von dreiseitiger Form, deren längste Seite parallel der Kante *n* : *c* verläuft und der Kante *n* : *Q* zugewandt ist.

Auf den Prismenflächen *m*, *g*, *t* und auf *a* erscheinen Aetzfiguren, wie sie Fig. 10 in der Ebene der Zeichnung liegend darstellt.

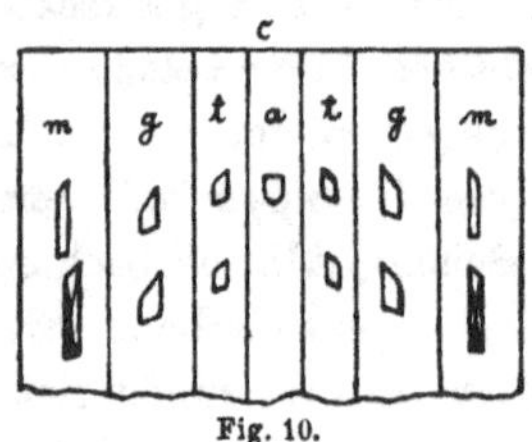

Fig. 10.

Auf der (nur zuweilen und sehr schmal erscheinenden) Fläche *b* (010) eines geätzten Krystalls konnte der Verfasser mit Sicherheit keine Aetzfiguren erkennen, jedoch waren die Kanten *b*:*m* in Folge der Aetzung durch eine sehr wenig von *b* abweichende schmale glatte Fläche schief abgestumpft. An einem grossen mit HCl geätzten Krystall ist die ganze Fläche *b* durch eine über ihre Mitte verlaufende verticale Kante in zwei Flächen getheilt, welche, der Prismenzone angehörend, ein sehr wenig von *b* abweichendes Klinoprisma darstellen; die Fläche *b* ist also in Wirklichkeit durch diese beiden Prärosionsflächen ersetzt, welche mit einander einen Winkel von nur 2° 27′ bilden. Bei genauerer Betrachtung unter dem Mikroskop im auffallenden Lichte bemerkt man, dass diese Flächen horizontal, also nach der Kante mit *c*, feingestreift sind. Die Zahl der Aetzfiguren scheint von *a* aus nach *m* hin zuzunehmen. Auf *a* selbst konnten nur wenige, nicht gut ausgebildete Aetzfiguren wahrgenommen werden, während *g* und *m* deren viele tragen, und namentlich die auf *m* befindlichen sich durch ihre Grösse auszeichnen.

Ganz ähnliche Aetzfiguren wie die mit Salzsäure erhaltenen konnte Verfasser auf *c*, *M*, *x*, *g* und *m* eines mit Schwefelsäure (20 %) geätzten Krystalls von Zanchetti beobachten.

Ueberblickt man die auf den einzelnen Flächen mit *HCl* erhaltenen Aetzfiguren, so gelangt man zu dem Resultate, dass hier als Aetzzonen namentlich zu betrachten sind die Zonen *c* : *a*, *c* : *b* und *a* : *b*, also diejenigen, deren Axen mit den Krystallaxen zusammenfallen. Dabei ist natürlich zu beachten, dass nur gewisse Regionen dieser Zonen von Aetzflächen besetzt sind, während anderseits auch Lösungsflächen darin liegen können, wie z. B. *x* in Zone *c* : *a*, *b* (?) in Zone *a* : *b* und in *c* : *b*. Als eine primäre Aetzfläche ist wohl *c* zu bezeichnen. Anderseits sind *ε*, *x*, *ν* und *m* entweder mit Aetzhügeln oder mit besonders grossen und zahlreichen Aetzgrübchen bedeckt und erweisen sich hierdurch als Lösungsflächen d. h. als Flächen geringen Widerstandes gegen die Säure. Dass die mit *HCl* erhaltenen Aetzfiguren (ebenso wie die Prärosionsflächen, s. unten) mit denjenigen, welche bei der Aetzung mit Schwefelsäure entstehen, sehr nahe übereinstimmen, ist eine weitere Bestätigung des von Becke aufgestellten Satzes, dass im allgemeinen chemisch analog wirkende Aetzmittel auch ähnliche resp. gleiche Aetzerscheinungen hervorrufen.

Was nun die durch die Säureätzung hervorgebrachten Prärosionsflächen betrifft, so ist Folgendes zu bemerken. Sehr stark angegriffen erscheint die Kante *c* : *x*. In Mikr. 28 ist die grosse, mittlere Fläche = *c*, links davon liegt gleichfalls gross *M* mit einzelnen Aetzfiguren parallel *M* : *c*, oben nach rechts eine Fläche *ε*, unten an *c* anstossend *x* und rechts über der zweiten schmalen *M* eine stark corrodirte Fläche *ν*. Man sieht sehr deutlich die mit Aetzhügeln bedeckte resp. daraus zusammengesetzte Prärosionsfläche *c* : *x*. Die Abnagung dieser Kante setzt sich auf die benachbarten Kanten *n* : *c* fort, welche in Folge dessen unten verbreitert nach oben spitz zulaufen. Eine breite, gleichfalls mit einzelnen Aetzhügeln bedeckte Prärosionsfläche ist auch an die Stelle der Kante *ε* : *c* getreten. Anderseits ist die Kante *M* : *n* unverletzt geblieben und auch die Kante *M* : *c* ist nur sehr wenig angegriffen (die Aufnahme ist stark vergrössert). An der links oben beginnenden Kante *ε* : *M* $(\bar{1}11) : (0\bar{1}1)$ bemerkt man zwei Prärosionsflächen, eine breitere, nach *M* zu liegende und eine schmälere, welche von *ε* ausgeht.

Sehr schön sind auch derartige Verhältnisse zu sehen auf Mikr. 29, wo die mittlere Hauptfläche wieder *c* entspricht, während oben rechts und links *ε*, unten an *c x* liegt; rechts und links befindet sich *M*, darüber *ν*. Auf *c* sind, namentlich rechts, zahlreiche wenn auch sehr kleine Aetzfiguren sichtbar. Stark corrodirt, resp. mit breiten Prärosionsflächen versehen sind die Kanten *c* : *x* und *c* : *ε*, deutlich auch *M* : *x* (unten links). Abgestumpft werden auch *n* : *x* und *ε* : *m* (auf Mikr. 29 nicht sichtbar). Desgleichen bemerkt man Abrundung der Kanten *ε* : *ν* und *ν* : *M*, so dass *ν*, wenn es schmal ist, ganz gekrümmt erscheint. Während bei Abwesenheit von *ξ* $(\bar{1}01)$ die Kante *ε* : *ε* ohne Prärosionsfläche bleibt, bemerkt man da, wo *ξ* auftritt (auf Mikr. 29 zu dunkel), an den Kanten *ε* : *ξ* deutliche Prärosionsflächen[1]). Scharf sind nach dem Aetzen mit HCl geblieben z. B. die Kanten *M* : *c*, *M* : *n*, *ε* : *g* und *t* : *x*, endlich sämmtliche Kanten der Prismenzone mit Ausnahme von *b* : *m*, worüber oben schon das Nöthige gesagt wurde. Die wichtigsten, hier erwähnten Kanten sind, soweit sie durch Prärosionsflächen abgestumpft werden, in Fig. 8 dadurch bezeichnet, dass sie besonders stark ausgezogen wurden. Es ergiebt sich aus der Betrachtung derselben, dass es namentlich die Flächen *x*, *ν*, *ε* und zum Theil *m* sind, an welchen sich die Prärosionsflächen entwickeln. Die erstgenannten Flächen sind aber, wie bemerkt, hauptsächlich als Lösungsflächen zu betrachten. Es ist vielleicht erlaubt, schon aus diesen Beobachtungen den Satz abzuleiten: »Diejenigen Kanten eines Krystalls, welche beim Aetzen durch Prärosionsflächen abgestumpft werden, liegen (sämmtlich oder doch vorwiegend) innerhalb der Lösungsflächen.« Jedenfalls lässt sich nicht verkennen, dass dieser Satz eine gewisse Wahrscheinlichkeit besitzt, wenn man erwägt, dass die Prärosionsflächen im allgemeinen selbst als Flächen geringen Lösungswiderstandes zu betrachten sind. Dieselben werden sich an

1) Mehrere der erwähnten, nach dem Aetzen mit HCl corrodirten Kanten sind an ungeätzten Krystallen, wie auch Brugnatelli beobachtete, häufig äusserst schmal abgestumpft, wie man bei aufmerksamster Betrachtung mit der Lupe bemerkt. Es ist jedoch kaum anzunehmen, dass diese Abstumpfungen von wesentlichem Einfluss auf die Entstehung der Prärosionsflächen seien, denn die letzteren treten gesetzmässig an allen geätzten Krystallen in gleicher Weise auf. Anderseits zeigen die mit KHO geätzten Krystalle desselben Handstücks die Prärosionsflächen in anderer Anordnung.

den betreffenden Kanten in der Weise entwickeln, dass sie mit einer ausgeprägten Lösungsfläche einen verhältnissmässig kleinen Winkel einschliessen; sie liegen dann in der Nähe sogenannter Lösungsmaxima. Beim Datolith gewinnt man den Eindruck, dass die Prärosionsflächen gleichsam eine Fortsetzung der betreffenden Lösungsflächen über gewisse, dieselben begrenzende Kanten hinaus darstellen. Sie sind hier meist stark gekrümmt und liefern, von der betreffenden Lösungsfläche aus, am Goniometer einen längeren zusammenhängenden Schimmer. So erstreckte sich z. B. eine an der Kante $\varepsilon : c$ auftretende Prärosionsfläche von ε bei 186° 7′ (am Goniometer) bis zu circa 206°, wo der Schimmer abbrach, während dann der Reflex für c bei 236° 10′ folgte.

Die nach der Behandlung der Datolithkrystalle (vorzugsweise wieder solcher von Zanchetti) mit Aetzkali erscheinenden Aetzfiguren, sowie einige besonders wichtige Prärosionsflächen sind in Fig. 9 wiedergegeben. Aus der Betrachtung der ersteren ersieht man, dass hier die Aetzzonen nicht den Zonen nach den Axen a und b entsprechen, sondern dass sie mehr mit gewissen Pyramidenzonen zusammenfallen. Es zeigt sich also hierin ein wesentlicher Unterschied von den mit Salzsäure erhaltenen Aetzfiguren. Auch die auf den Prismenflächen auftretenden Eindrücke sind von den mit Säure erhaltenen wesentlich verschieden. Zu den grössten Aetzfiguren gehören diejenigen auf ε und ν (in Fig. 8 entsprechen also die Grössenverhältnisse der Aetzfiguren nicht überall der Wirklichkeit). Die langgestreckten Figuren auf ε liegen nicht parallel der Kante $\varepsilon : c$, wie es bei flüchtiger Betrachtung scheinen könnte. Die Flächen ε und ν sind höchst wahrscheinlich für die Kaliätzung ebenso wie für die Säureätzung als Lösungsflächen zu bezeichnen, nicht hingegen spielt hier x diese Rolle. Auf dieser Fläche erhält man sehr schöne Aetzfiguren; ein Präparat aus einem Krystalle von der Seisser Alp ist in Mikr. 33 wiedergegeben, während Mikr. 32 eine mit KHO geätzte Fläche c eines Krystalls von Zanchetti darstellt.

Was die mit Kalihydrat erhaltenen Prärosionsflächen betrifft, so ist zu bemerken, dass an den Kanten $c : x$, $c : M$ und $\varepsilon : \nu$ solche fehlen, dass hingegen Abstumpfungen auftreten an $\varepsilon : \varepsilon$, $\varepsilon : c$, $\nu : c$, $\nu : M$, $\varepsilon : g$ und $\varepsilon : m$. Dieselben schliessen sich also an ε und ν an,

d. s. die beiden Flächen, welche, wie gesagt, höchst wahrscheinlich als Lösungsflächen fungiren. Dieses Ergebniss stimmt mit dem für die Säureätzung erhaltenen überein. Ausser diesen Prärosionsflächen treten aber noch weitere auf, namentlich da, wo die Flächen der Prismenzone an die oft sehr zahlreichen und kleinen Endflächen stossen; es soll darauf nicht näher eingegangen werden. Die in Figg. 8 und 9 abgebildeten Verhältnisse genügen, um eine Vorstellung von der Verschiedenheit der Aetzwirkung der beiden Substanzen HCl und KHO zu geben. Mikr. 31 zeigt einen Theil eines mit Kalihydrat geätzten Krystalls von Zanchetti. Die mittlere Fläche ist c, an welche sich unten x, rechts und links (über n) M, dann beiderseitig ν (mit grossen Aetzfiguren) und oben ε anschliessen. Man bemerkt die Abstumpfung der beiden Kanten $\varepsilon : c$, sowie, wenn auch weniger deutlich, von $\nu : c$ und $\nu : M$, während $M : c$, $n : c$ und $x : c$ scharf geblieben sind.

8. Leucit (Mikr. 34—38).

Im ersten Bande der Zeitschrift f. Kryst. (1877) veröffentlichte der Verfasser unter dem Titel »Studien über den Leucit« einen Bericht über die Erscheinungen, welche er an den direct mit Flusssäure geätzten glattflächigen, aufgewachsenen, sowie an den zuerst angeschliffenen und dann mit Salzsäure und Flusssäure behandelten rauhflächigen eingewachsenen Krystallen des genannten Minerals beobachtete. Mehrere Zeichnungen, welche die oft sehr complicirte Zwillingsbildung zur Anschauung bringen, sind der Abhandlung beigefügt. Die Resultate der Untersuchung, welche unter fortwährender Zuhülfenahme des Mikroskops ausgeführt worden war, stellte Verfasser in folgenden Sätzen zusammen:

1. Die tetragonalen Pyramidenflächen (P) des Leucits unterscheiden sich von den ditetragonalen ($4P2$) durch ihre geringere Löslichkeit im Aetzmittel.
2. Die Zwillingsbildung der aufgewachsenen sowohl wie der eingewachsenen Leucite lässt sich stets auf das vom Rath-sche Gesetz (Zwillingsebene eine Fläche der Deuteropyramide $2P\infty$) zurückführen.

3. Zugleich finden die schwankenden Winkelwerthe, namentlich der eingewachsenen Krystalle, ihre Erklärung in symmetrisch oder unsymmetrisch vertheilter vielfacher Verzwillingung.
4. Es ist kein triftiger Grund vorhanden, die eingewachsenen Leucite einem anderen, als dem quadratischen System zuzuzählen; sämmtliche an ihnen zu beobachtenden Erscheinungen lassen sich am einfachsten im Sinne des genannten Systems deuten.

Der letztere Satz bezog sich auf den Gegensatz der Anschauungen, welche vom Rath und Hirschwald über das System des Leucits geäussert. Während der erstere von den aufgewachsenen, von ihm als quadratisch erkannten Krystallen ausgehend, den Leucit überhaupt für quadratisch zu halten geneigt war, stellte Hirschwald in seiner Abhandlung »Zur Kritik des Leucitsystems« (Min. Mitth. 1875, 227) die rauhflächigen eingewachsenen, äusserlich theilweise regulär erscheinenden Krystalle in den Vordergrund und hielt die aufgewachsenen ebenfalls für regulär, wenn auch mit abweichenden, durch »polysymmetrische Entwicklung« bedingten Winkelverhältnissen. Nach Hirschwald ist auch die Zwillingsbildung keine blos pyramidale, sondern findet nach allen Flächen des Rhombendodekaëders statt.

Der Verfasser ätzte damals vorzüglich ausgebildete, von vom Rath erhaltene aufgewachsene Leucitkrystalle kurze Zeit (einige Augenblicke) mit starker wässriger Flusssäure. Dabei erhielt er allerdings keine scharf begrenzten einzelnen Aetzfiguren, die Zwillingsgrenzen traten hingegen mit überraschender Schärfe und in ausserordentlich grosser Zahl hervor. Manchmal liegen sie dicht gedrängt zu hunderten neben einander, und erzeugen, verschieden orientirt, auf der betreffenden Fläche einen moiréeartigen Schimmer. Unter dem Mikroskop erst enthüllt sich dem Auge die ganze Mannigfaltigkeit dieser Bänder und Linien, und es ist auch erst bei mikroskopischer Betrachtung möglich, die Beziehungen derselben zu den Flächen des Krystalls und zu einander mit Sicherheit festzustellen. Sehr oft bemerkt man, dass sich den Zwillingslamellen erster Ordnung selbst wieder secundäre Zwillingslamellen ein- oder anlagern. So erscheinen dann die Bänder wieder äusserst fein quergestreift, wie es Mikr. 35 zeigt, wo bis zu etwa 800 feine Lamellen auf 1 mm Breite kommen. Hier bemerkt man auch, dass die horizontal verlaufenden Linien weniger scharf gegen einander absetzen, als die beiderseits davon schräg verlaufenden. Bei jenen endigen nämlich die auf einander folgenden Lamellen in gleichen Flächen (nach vom Rath in $4P2$) und verlaufen parallel der unsymmetrischen Diagonale der scheinbaren Ikositetraëderfläche; sie werden also vom Aetzmittel in gleicher Weise angegriffen. Bei den schräg verlaufenden Lamellen wechseln hingegen solche mit einander ab, welche in $4P2$ und in P endigen; dieselben werden deshalb ungleich stark vom Aetzmittel angegriffen, wodurch sie sich deutlicher von einander abheben. Der Verfasser fand nämlich, dass die Pyramidenflächen $P(o)$ nach dem Aetzen eine andere Beschaffenheit aufweisen, als die von ihm mit n, von vom Rath mit i bezeichneten Flächen der ditetragonalen Pyramide $4P2$. Jene sind in Folge einer geringeren Angreifbarkeit durch die Säure bedeutend glatter geblieben als diese. Die letzteren ($4P2$) erscheinen unter dem Mikroskop (mit blossem Auge ist der Unterschied nicht mit Sicherheit zu erkennen) mit winzigen zarten Unebenheiten gleichmässig bedeckt, und es zeigt sich somit nach dem Aetzen direct ein wesentlicher Unterschied der beiderlei Flächen, welcher natürlich das reguläre System ausschliesst. Diese Erscheinung, welche von Hirschwald, dem der Verfasser die betreffenden Krystalle übersandte, nicht wahrgenommen werden konnte, wurde von Groth (Zeitschr. f. Kryst. 5, 264) bestimmt erkannt; sie kann selbst von einem ungeübten Auge nicht übersehen werden, wenn einmal bei geeigneter Beleuchtung darauf aufmerksam gemacht wurde. Der Unterschied zwischen glatt und matt (oder doch weniger glatt) ist um so wichtiger, als er nicht nur die Verwechslung beider Flächen unmöglich macht, sondern auch sogleich erkennen lässt, ob eine irgendwo auftretende Zwillingslamelle in einer o- oder einer n-Fläche endigt. An dem auf Taf. XII, Fig. 3 (Zeitschr. f. Kryst. 1) abgebildeten Krystalle, dessen Flächen auch nach dem Aetzen noch recht gut spiegeln, hat der Verfasser einige Messungen angestellt. Die daselbst mit o_1, o_2, n_2, n_3 bezeichneten Flächen würden in einer Ecke zusammenstossen, welche jedoch durch eine gleichartige Ecke in verwendeter Stellung (in Folge von Zwillingsbildung nach $2P\infty$) mit den Flächen o',

o'', n', n'' ersetzt ist. o_1, o_2, o' und o'' erscheinen unter dem Mikroskop glatt, n_2, n_3, n' und n'' hingegen feingekörnelt. Es wurden nun für die Winkel der Zwillingsecke folgende Werthe erhalten:

		Berechnet nach vom Rath:
$n' : n''$	$= 48^\circ\ 24\frac{1}{2}'$ ...	$48^\circ\ 36\frac{1}{2}'$
$o' : o''$	$= 49^\circ\ 42'$ ...	$49^\circ\ 57'$
$n' : o'$	$= 33^\circ\ 15\frac{1}{4}'$ ...	$33^\circ\ 23'$
$n'' : o''$	$= 33^\circ\ 14\frac{1}{2}'$ ...	$33^\circ\ 23'$

Mit Rücksicht auf die geringe Grösse der Flächen und die Anwesenheit mehrerer dieselben durchsetzenden feinen Zwillingslamellen ist die Übereinstimmung zwischen Beobachtung und Rechnung gewiss hinreichend.

Betrachtet man die geätzten Krystalle unter dem Mikroskop bei schwacher Vergrösserung im durchfallenden, etwas abgeblendeten Lampenlichte, so gewähren namentlich die von breiteren Zwillingsbändern durchzogenen Flächen einen hübschen Anblick, indem dann die Verschiedenheit der abwechselnden, in n oder o endigenden Flächenstreifen besonders scharf hervortritt. Ein Theil der Fläche n_2 des eben erwähnten Krystalls, welcher sehr schöne glatte, in o endigende Lamellen parallel der Kante $n_2 : o_1$ aufweist, ist in Mikr. 34 wiedergegeben. Man sieht daselbst, wenngleich nicht so deutlich wie bei der directen mikroskopischen Betrachtung bei etwas wechselnder Incidenz des Lichtes, bestimmt den Unterschied der Flächenbeschaffenheit. Drei breitere Streifen, wovon einer ganz oben liegt, sind glatt, ihre Umgebung (namentlich an den etwas dunkleren Theilen sichtbar) ist mehr rauh. Links unten liegt eine glatte o-Fläche der Zwillingsecke.

Im Jahre 1880 veröffentlichte A. Weisbach (Neues Jahrb. f. Min. etc. Bd. I, 143) die Resultate der von Treptow an einem Leucitkrystall ausgeführten Messungen. Der Krystall war rundum ausgebildet und ist demnach wohl als eingewachsen zu bezeichnen. Die Messungen führten auf ein rhombisches Axenverhältniss $a : b : c = 0{,}96497 : 1 : 0{,}49365$, während vom Rath für seine aufgewachsenen Krystalle das Verhältniss $a : a : c = 1 : 1 : 0{,}5264$ ermittelt hatte. Der Verfasser hatte Gelegenheit, diesen Krystall zu ätzen. Die Flächen desselben waren vor der Aetzung noch nicht so glänzend, wie diejenigen der vom Verfasser untersuchten vom

Rath'schen Krystalle nach dem Aetzen. Der Krystall wurde einen Augenblick mit verdünnter wässriger Flusssäure behandelt und zeigte dann unter dem Mikroskop ausser den von Weisbach angegebenen noch auf mehreren Flächen zahlreiche feine Zwillingslamellen, so auf den Flächen 1, 9, 10, 12, 14, 18, 21, 22, 24 (s. die Weisbach'schen Figuren 1 und 2), am meisten auf 1 und 9, welche ganz aus feinen Lamellen zusammengesetzt erschienen. Verfasser glaubt, hierauf aufmerksam machen zu sollen für den Fall, dass man aus den Treptow'schen Messungen ein definitives Urtheil über das System und Axenverhältniss des Leucits ableiten wollte. Es ist wohl denkbar, dass der anscheinend rhombische Bau des Krystalls auf eine vielfache und dabei symmetrisch über den ganzen Krystall vertheilte Zwillingsbildung unter Erzeugung tangentialer Scheinflächen zurückzuführen wäre. Jedenfalls müsste zuvor eine grössere Zahl gemessener Krystalle ein gleiches Resultat liefern, ehe man daraus weitere Schlüsse ziehen dürfte.

vom Rath benutzte seinerseits noch mehrmals die sich ihm darbietende Gelegenheit, weitere Messungen an aufgewachsenen, glattflächigen Leuciten anzustellen und gelangte dabei wiederholt zu seinem ersten Resultate, dass der Leucit quadratisch krystallisire. Doch fand er 1882 Krystalle, welche auf ein etwas anderes Axenverhältniss zurückzuführen sind, als die früher beschriebenen. Dieses neue Axenverhältniss $a : c = 1 : 0,5137$ nähert sich noch mehr wie das erste dem regulären 1 : 0,5 (Zeitschr. f. Kryst. 9, 565). Im Folgenden sind des Vergleiches halber ein paar nach dem ersten (I) und dem zweiten (II) Axenverhältniss berechnete mit den vom regulären System geforderten Winkeln (III) zusammengestellt:

	I.	II.	III.
$o : o$ (Polkante)	49° 57′	49° 7′	48° 11′
$n : n$ resp. $i : i$ (scharfe Polkante)	48° 36½′	48° 25¼′	48° 11′
$n : n$ resp. $i : i$ (stumpfere Polkante)	33° 50½′	33° 42¾′	33° 33′
$n : o$ resp. $i : o$	33° 23′	33° 28½′	33° 33′
$n : n$ resp. $i : i$ (Randkante)	46° 2′	47° 1⅔′	48° 11′

Einen wesentlichen Fortschritt in unserer Kenntniss des Leucits brachten die Untersuchungen von C. Klein, welche derselbe in zwei Abhandlungen »Über das Krystallsystem des Leucits und den Einfluss der Wärme auf seine optischen Eigenschaften« und »Optische Studien am Leucit« veröffentlichte (Nachrichten der k. Gesellsch. d. Wiss. zu Göttingen 1884, 12 und Neues Jahrb. f. Min. etc. 1885, Beil.-Bd. 522). Während Rosenbusch (Neues Jahrb. f. Min. etc. 1885, II, 59) fast gleichzeitig zeigte, dass die Zwillingslamellen, welche auf den Flächen der glatten Leucitkrystalle sichtbar sind, bei genügendem Erhitzen verschwinden, was auf einen Uebergang ins reguläre System hindeutet, wies Klein in seiner ersten Arbeit nach, dass dünne Leucitplatten, welche nach den Flächen des scheinbaren Würfels, Oktaëders, Dodekaëders und Ikositetraëders ($2O2$) geschliffen waren, beim Erhitzen bis zur beginnenden Rothgluth der Ränder vollkommen isotrop werden. Nach dem Erkalten zeigten die Platten, falls nicht zu lange erhitzt worden war, wieder das ursprüngliche optische Verhalten resp. dieselbe Vertheilung der Zwillingslamellen. Klein schloss aus seinen Beobachtungen, dass der Leucit bei höherer Temperatur, ebenso wie nach Mallard der Boracit, ins reguläre System übergehe, dass also seine Substanz dimorph sei.

In der zweiten umfangreicheren Arbeit theilt Klein die Beobachtungen mit, welche er an 350 Dünnschliffen von auf- und eingewachsenen Leucitkrystallen verschiedener Herkunft im polarisirten Lichte machte. Hiernach findet eine Zwillingsbildung, wie schon Hirschwald behauptete, nach allen Flächen des Rhombendodekaëders statt, also nicht nur nach $2P\infty$, sondern auch nach ∞P, und zwar nach den Flächen der letzteren Form besonders häufig. Ferner lässt sich keine Fläche nachweisen, welche die Rolle einer Basis im quadratischen System übernehmen könnte; es bleibt keine Fläche dunkel zwischen gekreuzten Nicols bei einer vollen Horizontaldrehung des Präparates. Ein der Basis entsprechender Schliff (nach einer scheinbaren Würfelfläche) erreicht das Maximum der Dunkelheit, wenn die Diagonalen der Schliffﬁgur in die Hauptschnitte der gekreuzten Nicols kommen. Die ganze Fläche eines solchen Schliffes ist mit nach den Seiten des Quadrates (d. i. nach ∞P) gelagerten Lamellen erfüllt, deren scharfes Einsetzen darauf hinweist, dass die Zwillingsebenen senkrecht zur Schliffläche stehen. Klein betrachtet demnach den Leucit in dem Zustande, in welchem er sich jetzt darbietet, als rhombisch, aber mit grosser Annäherung an das quadratische und das reguläre System.

Die Leucitkrystalle bestehen nun nach dem genannten Forscher im allgemeinen entweder aus einem Grundkrystall mit eingeschalteten Zwillingslamellen; dann ist eine (scheinbare) Würfelfläche Basis, die anderen sind die beiden Pinakoide — oder sie zeigen auf allen Würfelflächen die Eigenschaften der Basis; dann bestehen sie aus drei sich durchkreuzenden Individuen — oder endlich sie bestehen aus drei Grundkrystallen, von denen aber einer gegenüber den beiden anderen mehr oder weniger zurücktritt. Ein weiterer Uebergangsfall ist noch der, dass sich neben einem Hauptkrystall, mehr oder weniger untergeordnet, noch die beiden andern geltend machen. Die Verbindung der Grundkrystalle findet nach dem vom Rath'schen Gesetze statt; denselben sind dann noch Lamellen nach demselben Gesetze und solche nach ∞P eingewachsen. Für die erstere Ausbildungsweise, die z. B. schön an den aufgewachsenen Krystallen vom Vesuv vorkommt, ist mehr der vom regulären Typus abweichende zu erwarten. Für die zweite Ausbildungsweise, die z. B. schön an den Vesuvleuciten von 1847 und 1855 zu beobachten ist, muss mehr der reguläre Typus erwartet werden. Für die Uebergangsfälle liefern alle Leucitvorkommen Beispiele. Der Verfasser machte in einem von ihm gelieferten Referate über die Klein'schen Untersuchungen (Zeitschr. f. Kryst. 11, 622) einige bezügliche Bemerkungen, in welchen er darauf hinwies, dass zwar die Beobachtungen Klein's über die optische Zweiaxigkeit und die prismatische Zwillingsbildung für die Beurtheilung des Krystallsystems des Leucits von besonderer Bedeutung seien, dass aber andererseits der Winkel der optischen Axen sehr klein sei, und dass Schliffe, welche nicht senkrecht zur ersten Mittellinie gehen, sich nach Klein dem quadratischen System entsprechend verhalten. Ein Schliff nach P löscht senkrecht und parallel zur symmetrischen Diagonale aus, und ein solcher nach ∞P bietet im convergenten polarisirten Lichte die Erscheinungen einer Platte parallel zur optischen Axe dar. Die nach ∞P eingeschalteten Lamellen könnten immerhin secundärer Natur sein. denn stets finden sich gleichzeitig andere Lamellen, welche dem vom Rath'schen Gesetze folgen und mit jenen in directer oder indirecter Berührung stehen. Der vorherrschende Einfluss des vom Rath'schen Gesetzes giebt sich auch darin zu erkennen, dass, falls der Krystall aus mehreren Grundindividuen besteht, diese stets nach jenem Gesetze verbunden sind, und dass, wie Klein betont, die Lamellen nach ∞P sehr viel weniger auf der Oberfläche der Krystalle hervortreten, als die nach den übrigen Flächen des Rhombendodekaëders eingelagerten.

Vielleicht darf man auch die optische Zweiaxigkeit des Leucits als eine Anomalie des an sich einaxigen Minerals betrachten, wohl um so mehr, als, wie Klein hervorhebt, einzelne Theile eines basischen Schliffes nicht in der Normalstellung auslöschen, sondern die Dunkelstellung erst nach der Drehung um einen in den einzelnen Fällen verschieden grossen Winkel erreichen. Dieselbe Beobachtung wurde schon von Mallard gemacht. Klein fand, dass auch die Auslöschung in ein und derselben Lamelle mit der untersuchten Stelle sehr erheblich schwanken kann. Darf aber die schwache optische Zweiaxigkeit als eine Anomalie gedeutet werden, so hängen damit höchst wahrscheinlich die feinen, nach ∞P verlaufenden Lamellen zusammen. Die Annahme dieses Zusammenhangs scheint dem Verfasser in folgender Beobachtung von A. Brauns (Neues Jahrb. f. Min. etc. 1886, I, 232) eine gewisse Stütze zu finden. Der genannte Forscher fand, dass nach der Herstellung von Schlagfiguren auf einer Spaltungsplatte von Sylvin oder, wenn man eine solche Platte senkrecht zu einer Würfelfläche presste, die Krystallmasse deutlich doppeltbrechend wurde und unter dem Mikroskop bei gekreuzten Nicols zwei genau in der Richtung der Diagonalen verlaufende, unter 90° sich kreuzende Streifensysteme zeigte, die in der Diagonalstellung der Platte auslöschten. Löste man die Schraube der Krystallpresse, so wurde die Doppelbrechung der Platte merklich schwächer, nur nicht in der Richtung der Streifen, welche jetzt erst besonders gut hervortraten. Die je in derselben Richtung verlaufenden Streifen erschienen nach Einschaltung des empfindlichen Gypsblättchens bald blau, bald gelb, es haben also abwechselnd Verdichtungen und Verdünnungen der Masse stattgefunden. »Das Bild, bemerkt Brauns, das solche Platten unter dem Mikroskop darboten, war in nichts zu unterscheiden von dem einer parallel dem

Würfel geschnittenen Leucitplatte.« Es ist wohl denkbar, dass auch bei dem Uebergange des Leucits aus dem — bei der hohen Entstehungstemperatur innegehabten — regulären in ein weniger regelmässiges System eine Spannung in der Krystallmasse entstand und verblieb, welche optische Anomalie und scheinbare Zwillingsbildung nach ∞P zu Folge hat. Wie dem auch sei, auf jeden Fall steht das System des Leucits, wie auch Klein hervorhebt, dem quadratischen in jeder Hinsicht ausserordentlich nahe. Da zudem die beschriebenen und die im Folgenden noch zu beschreibenden Aetzerscheinungen nicht auf das rhombische System hinweisen resp. dessen Annahme fordern, so schien es dem Verfasser schon der Einfachheit halber erlaubt, beim quadratischen System stehen zu bleiben. Die Besprechung und Deutung der vom Verfasser neuerdings erhaltenen Resultate (Messungen und Beobachtungen von Aetzfiguren) basirt demnach noch auf der vom Rath'schen Auffassung des Leucitsystems.

Die hierzu benutzten aufgewachsenen und mit glänzenden Flächen versehenen Krystalle resp. Krystallfragmente stammen sämmtlich von einem Handstück vom Vesuv. Dasselbe war fast ganz aus Leucitkörnern zusammengesetzt, welche sich meist leicht von einander trennen liessen. Daneben fanden sich zahlreiche kleine Melanitkrystalle. Die einzelnen Krystallfragmente zeigen freilich meist nur eine geringe Zahl von Flächen, indessen konnte doch (häufig nach der Zudeckung gekrümmter Flächentheile) eine ziemlich grosse Zahl mehr oder weniger befriedigender Messungen daran angestellt werden.

Von besonderer Bedeutung ist aber der Umstand, dass diese Krystalle nach dem sehr kurzen Aetzen mit stark verdünnter wässriger Flusssäure zwar nicht den oben beschriebenen Unterschied in der Flächenbeschaffenheit von *o* und *n* zeigen (dafür scheinen die früher untersuchten Krystalle und eine stärkere Säure geeigneter zu sein), wohl aber die Zwillingslamellen sehr deutlich erkennen lassen, sowie auf den *n*- und *o*-Flächen Aetzfiguren tragen, welche die Unterscheidung derselben ausserordentlich erleichtern und die Entzifferung complicirter und inniger Zwillingsverwachsungen ermöglichen. Der Verfasser war bestrebt, mit Hülfe der so beobachteten Aetzerscheinungen die Winkelwerthe, welche er beim Messen der gedachten Krystalle erhielt, zu deuten, und dies gelang in einer Reihe von Fällen in befriedigender Weise. Auch da, wo die Lamellen so zahlreich und fein sind, dass eine optische Prüfung selbst bei sehr dünnen Schliffen wohl nicht zum Ziele führen würde, ist eine Deutung der Verwachsung auf Grund der Aetzfiguren, welche oft jene Lamellen in abwechselnd verschiedener Lage bedecken, möglich.

Taucht man einen dieser Krystalle während ein paar Secunden in sehr stark verdünnte wässrige Flusssäure und wäscht hierauf sogleich mit Wasser ab, so zeigt derselbe ausser den feinen Lamellen resp. Streifen gewöhnlich deutliche Aetzfiguren, welche zwar nicht von ebenen Flächen begrenzt sind, also als solche nur eine geringe Vollkommenheit besitzen, jedoch durch ihre verschiedene Lage auf den Flächen von *o* und *n* sich wesentlich und bestimmt unterscheiden.

Auf *o* erscheinen kurzlinienförmige Eindrücke, welche manchmal (im Falle der vollkommensten Ausbildung) sehr zart und scharf sind und ihrer Längsrichtung nach mit der symmetrischen Diagonale der betreffenden Pyramidenfläche zusammenfallen. Manchmal, besonders nach längerer Einwirkung des Aetzmittels, sind sie breiter, namentlich in der Mitte gleichsam verdickt. Auf *n* treten Aetzfiguren auf, welche auch als kurze Striche erscheinen, dabei aber gewissermassen derber und wulstiger sind; deshalb fallen sie auch bei der Betrachtung unter dem Mikroskop zuerst ins Auge. Sie sind aber nicht parallel der scheinbar symmetrischen Diagonale gelagert, sondern bilden nach mehrfach angestellten Messungen damit einen Winkel von ca. 51°, mit der unsymmetrischen Diagonale also einen solchen von ca. 39°. Auf Mikr. 36 erscheinen in Folge der Zwillingsbildung beiderlei Eindrücke, die auf *o* liegenden vertical verlaufend, die auf *n* befindlichen sogar in zwei Stellungen.

Wie die angeführten Winkel, die immerhin nur angenähert gemessen werden konnten, vermuthen lassen, stehen die Aetzfiguren auf *n* mit ihrer Längsrichtung senkrecht auf einer der beiden längeren Seiten der scheinbaren Ikositetraëderfläche, und zwar, wie sich aus den weiter unten anzuführenden Beobachtungen ergiebt, auf derjenigen Seite, welche an der betreffenden R a n d k a n t e der ditetragonalen Pyramide gelegen ist. Für das Ikositetraëder 2*O*2 würden sich die beiden Winkel zu 50° 46′ und 39° 14′ berechnen.

Dass in der That die nach der symmetrischen Diagonale der scheinbaren Ikositetraëderfläche gelegenen Eindrücke den o-Flächen, die anderen hingegen den Flächen n angehören, geht aus folgenden Beobachtungen hervor. Fig. 11 stellt ein Krystallfragment mit vier Flächen dar, welch letztere mit o_1, o_2, n_1, n_2, bezeichnet sind. Es sei bemerkt, dass die Flächen der Pyramide o bei den hier besprochenen Krystallfragmenten im Verhältniss zu denjenigen der ditetragonalen Pyramide sehr selten ausgebildet sind. Die vorgenommenen Messungen, von welchen die der Kante $o_1 : o_2$ die zuverlässigste ist, ergaben:

Fig. 11.

$o_1 : o_2 = 49^\circ\ 51\frac{1}{2}'$	n. vom Rath (Typus I) ber.	$49^\circ\ 57'$
$o_1 : n_1 = 33^\circ\ 23\frac{1}{2}'$	„ „ „ „ „	$33^\circ\ 23'$
$o_2 : n_2 = 33^\circ\ 24'$	„ „ „ „ „	$33^\circ\ 23'$
$n_1 : n_2 = 47^\circ\ 42\frac{1}{2}'$	„ „ „ „ „	$48^\circ\ 36\frac{1}{2}'$

(zweiter Reflex auf $n_2 : 48^\circ\ 7'$).

Auf o_2 erscheint oben rechts noch eine leichte Knickung mit einspringendem Winkel nach der symmetrischen Diagonale; der daselbst angefügte Zwillingstheil endigt in n. Dass hier in der That zwei o- und zwei n-Flächen, eine sogenannte dodekaëdrische Ecke des scheinbaren Ikositetraëders bildend, vorliegen, wird durch den Umstand bestätigt, dass auf o_2, entsprechend dem vom Rath'schen Zwillingsgesetz, Zwillingslamellen nach der symmetrischen Diagonale und nach beiden Combinationskanten der tetragonalen mit der ditetragonalen Pyramide eingelagert sind, während auf n_1 und n_2 neben den Lamellen parallel der scheinbar symmetrischen Diagonale solche parallel der unsymmetrischen Diagonale auftreten (auf n_1 bei β).

Dieses Fragment zeigt nun nach dem sehr kurzen Aetzen mit stark verdünnter wässriger Flusssäure deutlich die verschiedenen Aetzfiguren in der Lage, wie sie in der Figur für die verschiedenen Flächen resp. Flächentheile und Zwillingslamellen angegeben ist; die Eindrücke sind, so wie sie erscheinen, durch kurze Striche dargestellt. Auf den von der Zwillingsbildung unberührt gebliebenen Theilen der Fläche o_2 liegen sie parallel der symmetrischen Diagonale, auf n_1 und n_2 (bei α) senkrecht zu der betreffenden (d. h. die

Fläche begrenzenden) Randkante der ditetragonalen Pyramide. Auf o_1 konnte der Verfasser, da diese Fläche von dichtgedrängten feinen Zwillingslamellen stark bedeckt ist, keine *o* entsprechenden Aetzeindrücke beobachten. Da, wo auf den Zwillingslamellen Vertiefungen erscheinen, geben dieselben über Art und Lage der in der Lamelle endigenden Fläche bestimmte Auskunft.

Nach einer Fläche, welche aus verzwillingten Theilen *n* und *o* (in Streifen parallel der symmetrischen Diagonale abwechselnd) bestand und beiderlei Aetzfiguren deutlich zeigte, wurde eine dünne Platte geschliffen und im parallelen polarisirten Lichte zwischen gekreuzten Nicols untersucht. Wenngleich nun auch wegen des schiefen Einfallens der Zwillingslamellen die Grenzen derselben in der Auslöschungslage nicht scharf absetzten und die Platte auch noch sonstige optische Störungen aufwies, so konnte doch für mehrere Stellen derselben constatirt werden, dass diejenigen Theile, welche die für *o* angegebenen Aetzfiguren tragen, parallel der symmetrischen Diagonale und senkrecht dazu auslöschen, dass also eine dieser beiden Richtungen mit der Richtung der linienförmigen Eindrücke zusammenfällt. Auch auf den mit schräg gelegenen Aetzfiguren bedeckten und deshalb als *n* gedeuteten Flächentheilen fällt eine Auslöschungsrichtung mit der Längsrichtung der Aetzfiguren zusammen. Nach der grossen Annäherung an das quadratische System ist ja auch zu erwarten, dass eine Auslöschungsrichtung auf den Flächen der ditetragonalen Pyramide mit der Richtung der betreffenden Randkante dieser Pyramide zusammenfällt, die andere steht also senkrecht zu dieser Kante. Diese letztere Richtung ist es aber, welche mit der Richtung der auf *n* auftretenden Aetzfiguren übereinstimmt. Die Aetzfiguren auf *o* und *n* geben also durch ihre Längsrichtung jedesmal auch eine Auslöschungsrichtung des betreffenden Flächentheiles an.

Nach dem vom Rath'schen Zwillingsgesetze können nur auf den *n*-Flächen Zwillingsgrenzen resp. Lamellen parallel der nicht symmetrischen Diagonale auftreten. Flächentheile also, welche in einer solchen Grenze zusammenstossen, gehören der ditetragonalen Pyramide in gegenseitiger Zwillingsstellung an. Dementsprechend sind auf ihnen schräg verlaufende Aetzfiguren zu erwarten, welche auch durch ihre ungleiche Lage die Zwillingsverwachsung erkennen lassen. Damit stimmen nun die vom Verfasser an mehreren Krystallen gemachten Beobachtungen vollkommen überein. Oft wechseln solche in einer Linie parallel (oder fast parallel) der unsymmetrischen Diagonale zusammentreffende Flächentheile mit ungleich gerichteten, schrägliegenden Aetzfiguren in zahlreichen Streifen mit einander ab, was manchmal durch die dicht gedrängten Aetzfiguren ganz besonders deutlich zur Erscheinung gebracht wird. Ein hübsches Beispiel der besprochenen polysynthetischen Zwillingsverwachsung ist in Mikr. 37 wiedergegeben (die betreffenden Zwillingsgrenzen verlaufen daselbst horizontal). Ohne die Aetzfiguren würde die Zwillingsbildung in einem solchen Falle weit weniger deutlich hervortreten, weil daselbst Flächentheile gleicher Art, also auch von gleicher Löslichkeit im Aetzmittel zusammenstossen.

Von besonderer Bedeutung sind die beschriebenen Aetzfiguren da, wo es sich um die Entzifferung der mannigfaltigen Zwillingsbildung nach $2P\infty$ handelt. Im Folgenden sei ein Beispiel kurz besprochen. Fig. 12 stellt einen (von dem in Rede stehenden Handstück stammenden) mit sehr verdünnter Flusssäure geätzten Krystall in Projection auf eine mit der Ebene der Zeichnung zusammenfallende scheinbare Dodekaëder- resp. Protoprismenfläche dar. Die Fläche o_1 ist daran nicht ausgebildet, o_2 nur zum Theil (wie schon bemerkt, treten bei diesen Krystallen — wie wohl überhaupt bei den aufgewachsenen Leuciten — die o-Flächen im allgemeinen gegen die n-Flächen zurück). Die erhaltenen Winkelwerthe sind folgende:

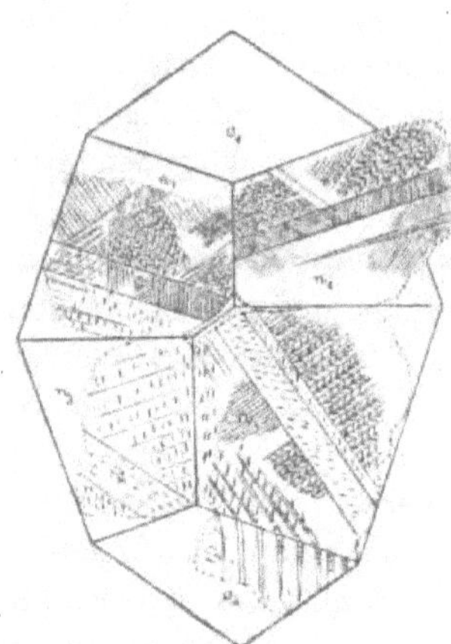

Fig. 12.

$n_1 : n_2 = 34^\circ\ 39\frac{1}{2}'$	(ca.)	ber. $33^\circ\ 50\frac{1}{2}'$	(Typus I)
$\underline{o} : n_1 = 3^\circ\ 40'$	(oben einspr.)	„ $4^\circ\ 51\frac{2}{3}'$	
$n_1 : n_3 = 46^\circ\ 50'$		„ $46^\circ\ 2'$	
$n_2 : n_4 = 46^\circ\ 47'$		„ $46^\circ\ 2'$	
$n_3 : n_4 = 34^\circ\ 20\frac{3}{4}'$		„ $33^\circ\ 50\frac{1}{2}'$	
$n_4 : o_2 = 32^\circ\ 47'$		„ $33^\circ\ 23'$	

Wie man sieht, weichen die beobachteten Werthe von den berechneten wesentlich ab; allein es ist auch zu beachten, dass diese letzteren sich auf einfache Individuen beziehen, während hier eine sehr complicirte Zwillingsverwachsung den Krystall beherrscht. In Folge dessen lieferten die Flächen meist mehrfache Reflexe, und es wurde auf den hellsten derselben oder, falls alle etwa gleich hell waren, auf den Mittelreflex eingestellt. Ein einfacher Reflex ist bei einer mehrfach verzwillingten Fläche nur dann zu erwarten, wenn die Lamellen äusserst fein sind und die Fläche so dichtgedrängt überziehen, dass dieselbe wie eine wirkliche Schein- oder Tangentialfläche wirken kann.

Auf o_2 erscheinen Aetzfiguren parallel der symmetrischen Diagonale, sowie in gleicher Richtung verlaufende Lamellen, welche in n endigen und schräge Eindrücke aufweisen. Die Fortsetzung derselben auf n_4 lässt erkennen, welche Fläche hier als Zwillingsebene fungirt. Die Flächen n_1, n_2, n_3 und n_4 zeigen neben verhältnismässig wenigen, zum Theil breiteren und in o endigenden Lamellen parallel den Kanten $n_1 : o_1$, $n_2 : o_1$, $n_3 : o_2$ ganz vorherrschend solche Zwillingslamellen, welche parallel der scheinbar symmetrischen und der unsymmetrischen Diagonale angeordnet sind. Die letzteren (parallel der unsymmetrischen Diagonale) endigen natürlich alle in n; von den ersteren endigt eine breitere auf n_3 (ϱ) in o, wie die Lage der Aetzfiguren zeigt. Anderseits lassen die dichtgedrängten, nach der fast symmetrischen Diagonale verlaufenden Lamellen auf n_2 und n_4 durch die Lage der sie bedeckenden Eindrücke erkennen, dass daselbst Flächenstreifen der ditetragonalen Pyramide in Zwillingsstellung mit einander abwechseln. Die an den Zwillingsgrenzen zusammenstossenden beiderseitigen Eindrücke bilden dabei, indem sie sich zu einer Figur vereinigen, v-ähnliche Aetzfiguren (vergl. auch Mikr. 38). Diese Art der polysynthetischen Verwachsung auf n ist bei den hier besprochenen Krystallen besonders häufig.

An einer Reihe von Fragmenten beobachtete der Verfasser nur je 3—4 scheinbare Ikositetraëderflächen, welche an einer spitzeren Randecke der ditetragonalen Pyramide, wo eine Nebenaxe endigt, liegen. Es konnten an einer solchen Ecke in der Regel nur zwei, in einem Falle alle vier Kanten gemessen werden. Die beiden scharfen Polkanten der Pyramide n seien mit $n_1 : n_2$ und $n_3 : n_4$, die beiden Randkanten mit $n_1:n_3$ und $n_2:n_4$ bezeichnet. Den ersteren kommt der berechnete Werth (Typus I vom Rath's) 48° 36½′, den letzteren der Werth 46° 2′ zu. Von den gemessenen Winkeln wurden demgemäss die grösseren als Polkanten-, die kleineren als Randkantenwinkel angesprochen. Es wurden (zuweilen bei einfachen oder fast einfachen Reflexen) folgende Werthe erhalten:

Krystall:	$n_1:n_2$ resp. $n_3:n_4$	$n_1:n_3$ resp. $n_2:n_4$
I	47° 54′	46° 47½′
II	47° 51½′	46° 53′
III	47° 46½′, 47° 38½′	46° 51½′, 46° 52½,
IV	47° 29½′	47° 14′
V	47° 29′	47° 3½′
VI	47° 22′	46° 53½′

Wie man sieht, weichen beide Winkelreihen von den betreffenden, einem einfachen Krystalle zukommenden Werthen beträchtlich ab. In der ersten Reihe mit fallenden Werthen sind die gefundenen Winkel zu klein, in der zweiten zu gross. Nimmt man aber das Mittel aus je zwei zusammengehörigen Werthen und vergleicht es mit dem Mittel aus den beiden berechneten Winkeln 48° 36½′ und 46° 2′, nämlich 47° 19¼′, so findet man im allgemeinen eine nahe Uebereinstimmung, wie folgende Zahlen zeigen:

I	Mittel:	47° 20¾′
II	„	47° 22¼′
III	„	47° 19′ resp. 47° 15½′
IV	„	47° 21¾′
V	„	47° 16¼′
VI	„	47° 7¾′

Abgesehen von dem letzten Werthe, welcher erheblicher abweicht, erreicht die Differenz nur einen Höchstbetrag von 3¾′. Ganz dasselbe Verhältniss wurde noch an einem Krystall VII beobachtet, welcher ausser n_1—n_4 noch andere n-Flächen aufwies, aus deren Lage resp. Zwillingslamellen sich freilich ergab, dass hier sogar der kleinere Werth der ursprünglichen Polkante entsprach. Es wurde gefunden:

$n_1:n_2$ = 47° 18½′, $n_2:n_4$ = 47° 26½′, Mittel: 47° 22½′.

Aus den mitgetheilten Zahlen geht hervor, dass, wenigstens im allgemeinen, mit dem fallenden Werthe für die Polkanten derjenige für die Randkanten steigt. Auch ist zu beachten, dass die grösste Differenz sämmtlicher angeführter Winkel (zwischen 47° 47½′ und 47° 54′) nur 1° 6½′ beträgt, während die beiden theoretischen Werthe 46° 2′ und 48° 36½′ um 2° 34½′ differiren. Es hat also gewissermassen ein Ausgleich stattgefunden, was auf eine zwillingsgemässe Durchdringung hindeutet. Die angeführten Thatsachen können denn auch durch die Annahme erklärt werden, dass eine solche von n_1—n_4 gebildete Ecke aus feinen Lamellen aufgebaut sei, welche abwechselnd zwei bis drei Individuen in Zwillingsstellung angehören, und zwar einem Stammindividuum, bei dem $n_1 : n_2$ (wie auch $n_3 : n_4$) eine Polkante und demnach $n_1 : n_3$ (wie auch $n_2 : n_4$) eine Randkante der ditetragonalen Pyramide darstellt, und einem oder zwei damit nach $2P\infty$ verbundenen Individuen, bei welchen jenes Verhältniss umgekehrt, also $n_1 : n_2$ Randkante und $n_1 : n_3$ Polkante ist, oder wo doch die entsprechenden Kanten wenigstens fast genau mit $n_1 : n_2$ resp. $n_1 : n_3$ des Stammkrystalls zusammenfallen. Die Werthe der die Ecke bildenden Kanten müssen sich hierdurch dem Mittelwerthe 47° 19¼′ mehr oder weniger nähern, die Polkanten des Stammkrystalls müssen stumpfer (d. h. die Normalenwinkel kleiner), die Randkanten schärfer (die Normalenwinkel grösser) werden. Die hiernach auf n_1—n_4 auftretenden Lamellen müssen parallel der fast symmetrischen oder der unsymmetrischen Diagonale verlaufen; sie endigen in n, und es sind demnach Aetzfiguren in den gegenseitigen Zwillingsstellungen — wenigstens vorherrschend — zu erwarten, wie sie in Mikr. 38 und 37 wiedergegeben sind. Mit dieser Annahme resp. Folgerung stimmen nun die an den betreffenden Krystallen beobachteten Lamellen und Aetzfiguren gut überein. Krystall II z. B. zeigt nach dem Aetzen auf allen vier Flächen deutlich Lamellen parallel einer oder beiden Diagonalen der scheinbaren Ikositetraëderfläche. Dieselben sind schmal, oft sehr fein und tragen an vielen Stellen sehr deutliche Aetzfiguren in den oben angegebenen (zu erwartenden) Lagen. Kr. III, welcher nicht geätzt wurde, weist auf drei Flächen sehr deutliche und theilweise dichtgedrängte Lamellen parallel der fast symmetrischen Diagonale auf. Kr. IV zeigt nach dem Aetzen auf drei Flächen zum Theil sehr schmale und dichtgedrängte Lamellen parallel der fast symmetrischen Diagonale, welche auf zwei Flächen die v-förmigen Aetzfiguren nach der Theorie aufs schönste erkennen lassen. Mikr. 38 stellt eine Stelle einer solchen Fläche mit den feinen Lamellen und Aetzfiguren dar. Die Fläche (etwa 500 mal vergrössert) erscheint vollständig aus den feinen Lamellen aufgebaut. Kr. V zeigt nach dem Aetzen gut die von der Theorie geforderten Lamellen, jedoch keine deutlichen Aetzfiguren; Kr. VI lässt auch diese sehr schön erkennen. Kr. VII verhält sich wie V.

9. Boracit (Mikr. 39—48).

Der Boracit nimmt sowohl hinsichtlich seines optischen Verhaltens als auch seiner Aetzerscheinungen unter den mimetischen Krystallen eine hervorragende Stellung ein. Mallard (Annales des mines **10**, 1876) untersuchte bekanntlich hauptsächlich Krystalle dieses Minerals von rhombendodekaëdrischem oder würfelartigem Habitus und gelangte dabei zu folgenden Resultaten. Ein Schliff parallel O erscheint zwischen gekreuzten Nicols durch drei Linien, welche von den Oktaëderecken nach der Mitte der Fläche gehen, in drei Sectoren getheilt, deren Auslöschungsrichtungen parallel und senkrecht zu den resp. Umrisslinien liegen. Jeder Sector enthält in der Regel Theile eingelagert, welche einem benachbarten Sector entsprechen. An einem Schliff parallel ∞O, welcher an der einen Seite von der natürlichen Fläche begrenzt wird, beobachtet man im allgemeinen eine einheitliche Auslöschung parallel den Diagonalen. Auch treten im convergenten Lichte zwei optische Axen aus, deren Ebene parallel der grossen Diagonale ist, wobei die erste Mittellinie auf der Dodekaëderfläche senkrecht steht. Eine Platte nach $\infty O \infty$ erweist sich als aus vier diagonal aneinanderstossenden Individuen zusammengesetzt; in jedem Theile steht eine optische Axe ungefähr senkrecht zur Schliffebene. Platten, welche parallel ∞O oder $\infty O \infty$ mehr aus dem Innern der Krystalle genommen sind, zeigen eine complicirtere Zusammensetzung, indem zu den angegebenen noch weitere Theile hinzutreten. Mallard schloss aus seinen Beobachtungen, dass die Krystalle des Boracits aus zwölf rhombischen Pyramiden bestehen, deren Basen von den

Flächen des Rhombendodekaëders gebildet werden. Letztere entsprechen dabei dem Makropinakoid. Die gemeinschaftliche Spitze dieser zwölf Individuen liegt bei gleichmässiger Ausbildung in der Mitte des scheinbar einfachen Krystalls, jedoch sind in der Regel Theile oder Lamellen einer Orientirung in die Masse einer anderen eingelagert. Ein Schliff nach ∞O kann demnach ausser Theilen von $\infty \bar{P} \infty$ noch solche von P und $\infty \breve{P} \infty$, ein solcher nach $\infty O \infty$ ausser ∞P noch solche von $0P$ zeigen, wie die optische Untersuchung lehrt, so dass also die Dodekaëderflächen eine dreifache, die Würfelflächen eine zweifache Bedeutung haben können.

Indem der Verfasser (Zeitschr. f. Kryst. 3, 337) neben der Untersuchung der Krystallplatten im parallelen polarisirten Lichte die Aetzmethode zur Anwendung brachte, fand er, dass die von ihm geprüften Boracitkrystalle, welche vorwiegend oktaëdrischen Habitus besassen, aus sechs rhombischen, nach einer Axe (c) hemimorphen Individuen zusammengesetzt sind, wobei im einfachsten Falle die Würfelflächen als $0P$ einfach bleiben, die Dodekaëderflächen hingegen durch eine der kurzen Rhombendiagonale parallel laufende Zwillingsgrenze in zwei gleichartige Flächenhälften (P und $\underline{P}$) zerfallen. Verfasser beobachtete auch sehr complicirte Krystalle, bei welchen sich die (hier in der Sechszahl auftretenden) rhombischen Einzelindividuen vielfach durchwachsen; in Folge dessen sind wiederum die Würfelflächen aus zweierlei, die Dodekaëderflächen aus dreierlei Flächentheilen zusammengesetzt (vergl. auch die Figg. 15 und 16, Taf. IX, Zeitschr. f. Kryst. 5; dieselben bringen die beiden Structurarten, wie sie Mallard und der Verfasser fanden, zur Anschauung). Zwillingsebene ist P (entsprechend vier Flächen von ∞O). Auf den Dodekaëderflächen (P, $\infty \bar{P} \infty$, $\infty \breve{P} \infty$) erscheinen nach der Behandlung mit erwärmter verdünnter Salzsäure + Schwefelsäure (auf 1 Theil Salzsäure und etwa $\frac{1}{2}$ Theil Schwefelsäure ungefähr 6 Theile Wasser) dreierlei Aetzfiguren (α, β, γ), auf den Würfelflächen ($0P$, ∞P) zweierlei (δ und ε), vertheilt auf die optisch verschiedenen Flächenstücke, welche sich auch durch ihre ungleiche Löslichkeit im Aetzmittel unterscheiden. Letzteres ist namentlich die Ursache davon, dass die Zwillingsgrenzen (zwischen ungleichartigen Theilen) auf den genannten Flächen nach dem Aetzen scharf hervortreten. Mikr. 40—43 stellen sämmtlich Theile geätzter Dodekaëderflächen der genannten Krystalle dar. Auf Mikr. **40** bemerkt man neben zuweilen als Rechtecke erscheinenden Aetzfiguren α (entsprechend P) solche γ, welche im allgemeinen trapezförmig gestaltet sind (entsprechend $\infty\breve{P}\infty$). Die letzteren liegen auf Flächentheilen, welche sich scharf von den mit Aetzfiguren α bedeckten abheben, was namentlich auf der linken Seite dieser Aufnahme deutlich zu sehen ist. Sehr oft setzen sich die Aetzeindrücke schlauchförmig ins Krystallinnere fort. Mikr. **41** zeigt rechts scharf begrenzte Theile, welche mit horizontal gestreckten Aetzfiguren β ($\infty\bar{P}\infty$) bedeckt sind, ausserdem links deutliche Figuren α und unten einen Streifen, welcher einzelne, allerdings undeutlich erscheinende, Aetzfiguren γ trägt. Hier sind also P, $\infty\bar{P}\infty$ und $\infty\breve{P}\infty$ an der Zusammensetzung der Fläche betheiligt. Mikr. **42** weist überwiegend Aetzfiguren α auf und zeigt dabei sehr gut die hier verticalen (parallel der kurzen Diagonale von ∞O verlaufenden) Zwillingsgrenzen zwischen P und $\underline{P}$ bei wiederholter Zwillingsbildung. Unten zieht sich ein horizontales Band mit Aetzfiguren γ (Trapeze) über die Fläche, auch oben erscheinen auf einem kleinen Flächentheil solche, $\infty\breve{P}\infty$ entsprechende, Vertiefungen. Dass das untere Band nur sehr dünn ist, erkennt man daran, dass die erwähnten Zwillingsgrenzen, welche hier keine Aetzerscheinungen sind, sondern auch ohne Aetzung deutlich hervortreten (s. unten), durch dasselbe hindurchschimmern. Sehr schön ist auch Mikr. **43**, welches einen Flächentheil ∞O darstellt, der oben von $+\frac{O}{2}$, links von $\infty O\infty$ begrenzt wird. Sehr deutlich sieht man die Aetzfiguren α auf zahlreichen durch verticale Zwillingsgrenzen getrennten Flächenstreifen. Links zieht sich, schräg verlaufend, ein breiter Streifen $\infty\bar{P}\infty$ mit Aetzfiguren β über die Fläche. Die Details sind zweckmässig mit der Lupe zu verfolgen. Was die Niveaudifferenzen der verschiedenen Theile der geätzten Dodekaëderflächen betrifft, so liegen am höchsten die mit Aetzfiguren α bedeckten, dann folgen die mit solchen γ, und endlich diejenigen, welche Eindrücke β tragen; diese letzteren sind also beim Aetzen am stärksten gelöst worden. Die Zwillingsgrenzen auf ∞O sind an den vom Verfasser untersuchten Krystallen, ähnlich wie man es am Leucit beobachtet, schon im gewöhnlichen durchfallenden Lichte unter dem Mikroskop deutlich zu erkennen und durch Verschiebung des Tubus ins Innere der Krystalle zu verfolgen. Dies ist besonders dort der Fall, wo zwei Pyramidenflächen senkrecht zur Kante $\infty O : O$ zusammentreffen, sowie bei den schräg (parallel $\infty O : + \frac{5O\frac{5}{3}}{2}$) verlaufenden Grenzen zwischen P und $\infty \bar{P} \infty$. Mikr. 39 stellt eine ungeätzte Platte annähernd parallel ∞O mit erhaltener natürlicher Dodekaëderfläche dar. Oben erscheint noch ein Streifen von $+\frac{O}{2}$ und links oben eine kleine Fläche $+\frac{5O\frac{5}{3}}{2}$. Man sieht deutlich beiderlei genannte Grenzen auf ∞O, desgleichen ihre Fortsetzung auf $+\frac{O}{2}$. Das Mikrogramm zeigt auch, dass der innere Bau der Boracitkrystalle durchaus nicht immer gleichsam nur ein Abbild der äusseren Gestaltung und Flächenbegrenzung derselben ist, wenn auch namentlich für die Krystalle von rhombendodekaëdrischem Habitus durch C. Klein ein, wie es scheint, bestimmender Einfluss der Flächenbegrenzung auf den inneren Bau resp. eine innige Beziehung zwischen beiden nachgewiesen worden ist.

Auf den Würfelflächen treten, wie bemerkt, zweierlei Aetzfiguren (δ und ε) auf, von welchen diejenigen δ annähernd quadratisch oder rechteckig gestaltet sind. Ihre Seiten gehen den Würfelkanten mehr oder weniger parallel. Diese Eindrücke waren an den vom Verfasser früher erhaltenen Präparaten meist undeutlich; am deutlichsten erschienen sie an einem grossen Krystall von Lüneburg, welcher die Combination $\infty O \infty \cdot \infty O \cdot O$ zeigte und mit kochender Salzsäure behandelt war. Die Flächentheile, welche diese Aetzfiguren tragen, entsprechen ∞P. Die Aetzfiguren ε sind im allgemeinen deutlicher; ihre Gestalt ist die eines nach der Kante $\infty O \infty : +\frac{O}{2}$ gestreckten Linsendurchschnittes oder eines an den beiden stumpfen Winkeln abgestumpften Rhombus, dessen grössere Diagonale der genannten Kante parallel liegt. Die Flächentheile, auf welchen sie liegen, sind als $0P$ aufzufassen; sie löschen parallel den Diagonalen der Würfelfläche aus. Die mit ungleichen Aetzfiguren bedeckten Flächentheile $\infty O \infty$ liegen sehr deutlich in verschiedenem Niveau; die Theile ∞P (mit δ) liegen tiefer als die Theile $0P$ (mit ε). Die meist nicht geradlinigen Grenzen zwischen beiden verlaufen im allgemeinen nach derjenigen Diagonale der Würfelfläche, welche der Kante $\infty O \infty : -\frac{O}{2}$ parallel geht. Oft wechseln beiderlei Theile in zahlreichen Lamellen ab.

Auf $\pm\frac{O}{2}$ beobachtete der Verfasser drei- und gleichseitige Eindrücke, welche an den Krystallen von oktaëdrischem Habitus auf beiderlei Tetraëderflächen gleiche Lage haben und je einer Kante $\frac{O}{2} : \infty O$ eine Ecke zukehren (in Fig. 1, Taf. VIII, Zeitschr. f. Kryst. 3, durch ein Versehen umgekehrt, also um 180° gedreht, gezeichnet).

Im Jahre 1880 untersuchte C. Klein (N. Jahrb. f. Min. etc. 1880, II, 209 — Referat des Verfassers in Zeitschr. f. Kryst. 5, 273) in eingehendster Weise die optischen Verhältnisse und die Structur der Boracitkrystalle, und zwar sowohl solcher von hexaëdrischem und dodekaëdrischem, als auch solcher von oktaëdrischem und tetraëdrischem Habitus. Er fand bei der optischen Prüfung, dass erstere in der That nach Mallard's Angaben, letztere hingegen nach den Angaben des Verfassers zusammengesetzt seien, sprach sich jedoch noch für die reguläre Natur des Boracits aus, indem er das sogen. anomale optische Verhalten auf Spannungszustände zurückführte. Klein stellte die Annahme auf, dass bei der Bildung der Boracitkrystalle zuerst nach den Ebenen des Dodekaëders ein widerstandsfähigeres Gerüst entstehe, und dass die innerhalb dieses Gerüstes abgelagerte Masse durch die bei ihrer Ausscheidung frei werdende Wärme gegenüber dem Gerüst eine Aenderung der Temperatur und in Folge dessen bei der Abkühlung eine nach drei Richtungen verschiedene Contraction erleide. Klein stellte auch, nach den Angaben des Verfassers verfahrend, Aetzversuche am Boracit an, welche im wesentlichen zu folgenden Resultaten führten. Beim Aetzen von Schliffen nach ∞O, bei denen die natürliche Dodekaëderfläche erhalten blieb, beobachtete Klein auf der ganzen Fläche Aetzfiguren, die entweder Paralleltrapeze, gleichschenklige Dreiecke oder (seltener) Parallelogramme sind, indessen immer so gerichtet erscheinen, dass die kürzeren Kanten der Paralleltrapeze oder die von den gleichen Schenkeln der Dreiecke gebildeten Winkel nach der Seite des Rhombus liegen, an welcher die Combinationskante desselben zu der glatten Tetraëderfläche auftritt. Noch andere Gebilde, welche jedoch mit den eigentlichen Aetzfiguren nichts gemein haben, wurden von Klein beobachtet. Sie bestehen in den Durchschnitten durch vom Aetzmittel blossgelegte parallele Kanäle und Röhren quadratischen oder rhombischen Querschnittes, die alle entweder normal zu je einer der Flächen von ∞O stehen oder wenigstens sehr annähernd diese Lage haben. Das Aetzmittel deckt diese Kanäle auf; wo sie im Schnitte normal getroffen werden, entstehen Durchschnitte, die vom Aetzmittel anders als die umgebende Masse angegriffen werden und etwas erhaben stehen bleiben. Die Kanäle sind zum Theil hohl, zum Theil mit Substanz erfüllt. Die oben erwähnten Aetzfiguren stimmen im wesentlichen ihrer Form und Lage nach mit den vom Verfasser mit γ bezeichneten überein; die von demselben mit α und β bezeichneten konnte Klein nicht beobachten. Nach ihm sind die Aetzfiguren auf allen, auch optisch verschiedenen Theilen der Dodekaëderflächen dieselben. Demgegenüber und mit Rücksicht auf die von ihm erhaltenen sehr deutlichen Präparate (s. Mikrogr. 40—43) musste der Verfasser an seinen Angaben festhalten und vermuthete eine Erklärung der zu Tage getretenen Differenz in dem Umstande, dass Klein wohl eine stärker verdünnte Säure zu seinen Versuchen benutzt habe. Der Einfluss der Concentration der Säure auf die Ausbildung der Aetzfiguren kann ja ein sehr grosser sein. Verfasser hatte zudem früher schon beobachtet, dass zu concentrirte Säure, namentlich Schwefelsäure, die Verschiedenheit der Aetzfiguren auf ∞O für die gewöhnliche Beobachtung verschwinden lässt; es wäre möglich, dass eine zu stark verdünnte Säure sich ganz ähnlich verhält.

Hinsichtlich der Aetzfiguren auf den Würfelflächen fand Klein, dass dieselben als Quadrate oder Rechtecke erscheinen, deren Seiten jedoch nicht, wie es bei den vom Verfasser beobachteten Figuren δ der Fall ist, den Seiten, sondern den Diagonalen der Würfelflächen parallel laufen. Auch konnte Klein keinen Unterschied in den Aetzfiguren der optisch verschiedenen Theile der Würfelfläche erkennen. Der Verfasser kann sich diesen Widerspruch nur durch die Annahme erklären, Herr Klein habe bei seiner Beschreibung die sehr häufig mit den eigentlichen Aetzfiguren auf $\infty O \infty$ verbundenen und dann auf deren Grund erscheinenden Durchschnitte von ins Krystallinnere sich fortsetzenden fadenförmigen Schläuchen im Auge, welche allerdings rechteckig gestaltet, und deren Seiten in der That parallel den Diagonalen der Fläche gerichtet sind (s. unten das Nähere hierüber sowie Fig. 15). Dies sind jedoch keine eigentlichen Aetzfiguren.

Auch hinsichtlich der Aetzfiguren auf den beiderlei Tetraëderflächen stimmten die Beobachtungen Klein's mit denjenigen des Verfassers nicht ganz überein. Der genannte Forscher fand nämlich, dass diese Aetzfiguren auf den glatten wie auf den matten Tetraëderflächen gleichseitige Dreiecke sind, welche auf den letzteren Flächen mit ihren Seiten den drei Kanten $\frac{O}{2} : \infty O$ parallel gehen, auf ersteren hingegen zu diesen Begrenzungselementen umgekehrt liegen. Nach den Beobachtungen des Verfassers liegen hingegen die Aetzfiguren auf beiderlei Tetraëderflächen gleich und zwar so, wie Klein es nur für die glatten Tetraëderflächen angiebt. Dies stimmt allerdings mit der Thatsache überein, dass die von Klein geätzten Krystalle (von würfelförmigem oder dodekaëdrischem Habitus) anders aufgebaut sind als diejenigen (von oktaëdrischem Habitus), an welchen der Verfasser seine auf $\pm \frac{O}{2}$ bezüglichen Beobachtungen anstellte. Bei jenen Krystallen bestehen sowohl die Haupt- als auch die Gegentetraëderflächen aus Theilen $2\bar{P}\infty$, bei den vom Verfasser untersuchten sind hingegen die Haupttetraëderflächen aus Theilen $2\bar{P}\infty$, die Gegentetraëderflächen aber aus Theilen $2\breve{P}\infty$ zusammengesetzt (vergl. Zeitschr. f. Kryst. 5, Tafel IX, Figg. 15 u. 16). Es wäre leicht denkbar, dass hierauf der Unterschied in den beiderseitigen Resultaten zurückzuführen wäre.

C. Klein setzte 1881 seine Beobachtungen am Boracit fort und machte die wichtige Entdeckung, dass sich die von Mallard und dem Verfasser als Zwillingsgrenzen gedeuteten Grenzen zwischen den optisch abweichenden Theilen einer Platte bei hinreichendem Erwärmen verschieben, ein Verhalten, welches nach der Ansicht Klein's ein echter Zwillingskrystall nicht zeigen könne. Während deshalb mit Klein die meisten Krystallographen an der regulären Natur der Boracitkrystalle festhielten, veröffentlichte 1882 E. Mallard in den Berichten der französischen mineralogischen Gesellschaft zwei sehr wichtige Untersuchungen über den Einfluss der Wärme auf gewisse krystallisirte Körper, besonders auch auf die Krystalle des Boracits. Er fand, dass beim Erwärmen auf 265° der Boracit plötzlich und zwar für alle Farben isotrop wird, in höherer Temperatur dann auch so verbleibt, während bei verminderter Temperatur die optische Zweiaxigkeit und nahezu dieselbe Feldertheilung in den Schliffen wiederkehrt. Während also der Boracit bei höherer Temperatur als regulär zu betrachten ist, ist er bei gewöhnlicher Temperatur rhombisch, seine Substanz demnach dimorph und nach der Bezeichnung O. Lehmann's enantiotrop. Die Boracitkrystalle, wie wir sie in der Natur vorfinden, sind echte Zwillingskrystalle. Herr Klein schloss sich später der Ansicht an, dass die Substanz des Boracits dimorph sei und bei gewöhnlicher Temperatur im rhombischen System krystallisire.

In neuerer Zeit machte nun der Verfasser eine Reihe von Beobachtungen über die Aetzerscheinungen des Boracits, welche seine früheren Angaben theils bestätigen, theils ergänzen und erweitern. Zunächst konnte für die Krystalle von oktaëdrischem Habitus wiederum constatirt werden, dass diejenigen Theile der Schliffe nach ∞O, welche die Aetzfiguren α tragen, zwischen gekreuzten Nicols annähernd (etwas schwankend, wie auch Klein angibt) unter 45° gegen die Kante $\infty O : \frac{O}{2}$ auslöschen, während diejenigen Theile, welche mit Aetzfiguren β und γ bedeckt sind, dann auslöschen, wenn jene Kante parallel einem Nicolhauptschnitte liegt. Bei weitem am deutlichsten sind diese Verhältnisse an den mit den Figuren α und β bedeckten Flächentheilen wahrzunehmen; die mit γ bedeckten unterscheiden sich zwar oft optisch von den andern, zeigen jedoch nur selten deutliche und bestimmte Auslöschung. Dies ist wohl dadurch zu erklären, dass diese Theile oft als äusserst dünne Schichten resp. Bänder den andern aufgelagert sind, wie sie denn auch häufig als Streifen erscheinen, welche sich stellenweise über die anderen Theile hinziehen. Manchmal schimmert auch eine Zwillingsgrenze zwischen zwei Theilen, die mit den Aetzfiguren α bedeckt sind (annähernd parallel $\infty O : \infty O \infty$) in ihrer Fortsetzung noch durch einen solchen dünnen, mit Aetzfiguren γ bedeckten Streifen hindurch (vergl. Mikrogr. 42 unten).

Ein geätzter Schliff nach ∞O zeigte im convergenten polarisirten Lichte deutlich das Bild der optischen Axen in demjenigen Theile, welcher mit Eindrücken β bedeckt ist, wobei die Ebene der optischen Axen parallel der Längsrichtung der Aetzfiguren liegt. Anderseits zeigen die der Pyramide P entsprechenden und die Figuren α tragenden Partien in der Auslöschungslage einen dunklen Barren parallel oder annähernd parallel der grösseren Diagonale der Dodekaëderfläche. Nach der Drehung des Präparates um 45°, wobei die Seiten der (rechteckigen) Aetzfiguren α den Nicolhauptschnitten parallel gehen, erscheint seitlich das Bild einer schief austretenden optischen Axe (nach der Kante $\infty O : \infty O \infty$ resp. $P : 0P$ hin gerichtet). Diese letztere Erscheinung zeigte sehr schön ein Schliff nach ∞O, welcher von mehreren Zwillingsgrenzen parallel zur Kante $\infty O : \infty O \infty$ (resp. senkrecht zu $\infty O : \frac{O}{2}$) durchzogen ist, bei welchem also die in Zwillingsstellung befindlichen Theile P und $\underline{P}$ mehrfach mit einander abwechseln. Stellt man den Schliff im convergenten polarisirten Lichte zwischen gekreuzten Nicols so ein, dass die oben genannten Kanten je einem Nicolhauptschnitte parallel gehen, also das Maximum der Helligkeit für die in Rede stehenden Flächentheile eintritt, so sieht man das Bild der Axe abwechselnd am rechten und am linken Rande des Gesichtsfeldes, wenn man den Schliff mit Hülfe des Schlittens so lange bewegt, dass der Reihe nach die verschiedenen Theile P und $\underline{P}$ das Gesichtsfeld passiren. An dieser Platte liess sich auch constatiren, in welcher Lage zur austretenden optischen Axe die Aetzfiguren α sich befinden (s. Fig. 13 für den Fall eines einfachen Zwillings, daselbst ist $t = \frac{5O\frac{5}{3}}{2}$). Auf den Theilen P der Dodekaëderflächen beobachtete der Verfasser früher Aetzfiguren α, welche eine rechteckige Gestalt besassen und bei vollkommener Ausbildung nur nach rechts und links, nicht aber nach oben und unten (d. h. nach den zu den Combinationskanten $\infty O : \pm \frac{O}{2}$ gewandten Seiten) symmetrisch waren (Fig. 14, 1). Nach

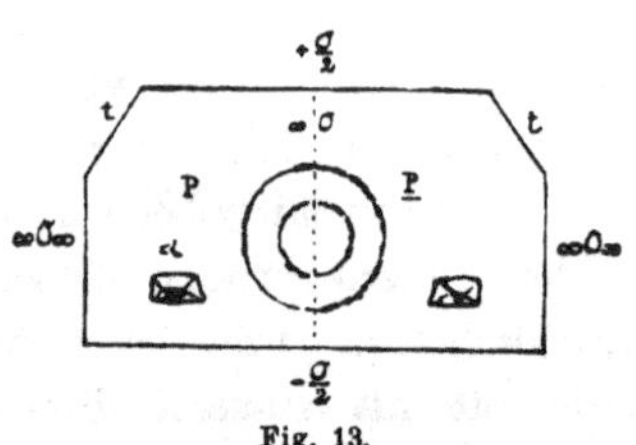

Fig. 13.

neueren Beobachtungen ist es zuweilen sogar schwierig, diese eine Art der Unsymmetrie mit Bestimmtheit wahrzunehmen (Fig. 14, 2 und 3). Dennoch muss, da die betreffenden Flächentheile als solche einer rhombischen Pyramide aufzufassen sind, auch bei den Aetzfiguren eine vollständige Unsymmetrie zu erwarten sein; es findet also hier die Erscheinung statt, dass gewisse Aetzfiguren wenigstens für die gewöhnliche mikroskopische Betrachtung eine höhere Symmetrie aufweisen oder doch aufzuweisen scheinen, als der sie tragenden Fläche in Wirklichkeit zukommt. Nun kann man aber auch bei aufmerksamer Beobachtung an vielen Aetzfiguren *a* deutlich sehen, dass dieselben **gänzlich unsymmetrisch** ausgebildet sind. Es erscheint dann nicht nur die der Combinationskante $\infty O : -\frac{O}{2}$ zugewendete Fläche *b* der Aetzeindrücke (Fig. 14, 4) schmaler als diejenige *a*, sondern es ist auch *d* dazu wesentlich anders gerichtet als *c*, so dass die Umrissform eines Rechtecks in die eines ungeraden Trapezes übergegangen ist. Die Seite *d* liegt aber gesetzmässig nach der Richtung hin, nach welcher im convergenten polarisirten Lichte auf dem betreffenden Flächentheil die optische Axe erscheint (vergl. Fig. 13). Hieraus ergiebt sich, dass auf den in Zwillingsstellung zu einander befindlichen und durch die Grenze genau oder annähernd parallel zur Kante $\infty O : \infty O \infty$ getrennten Theilen *P* und $\underline{P}$ die beiderseitigen Aetzfiguren nach jener Kante symmetrisch liegen müssen, also auf dem einen Theile die Seite *d* nach rechts, auf dem anderen nach links wenden, und dass, so oft solche Theile *P* und $\underline{P}$ mit einander abwechseln, auch die Aetzfiguren *a* in entsprechender Weise wechseln müssen. Häufig erscheinen sie dann wie 5*a* und 5*b* (Fig. 14) oder noch einfacher wie 6*a* und 6*b*. Sehr bestimmt beobachtet man diese zweifache Ausbildung resp. Stellung auch an solchen Vertiefungen *a*, welche gleichzeitig eine dunkel erscheinende Oeffnung zu einem durch die Aetzung gebildeten oder blossgelegten Kanal ins Krystallinnere in sich schliessen; sie erscheinen wohl so, wie es

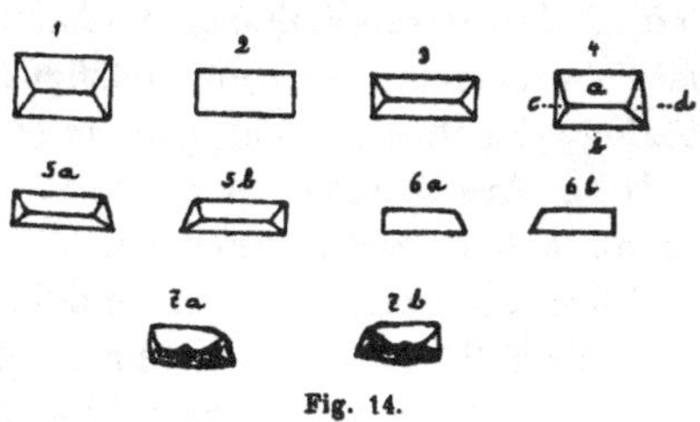

Fig. 14.

Fig. 14 in 7*a* und 7*b*, sowie Fig. 13 darstellt. Nach dem Gesagten können nun auf den Dodekaëderflächen der Boracitkrystalle Aetzfiguren von vierfach verschiedener Gestalt resp. Lage auftreten, nämlich zweierlei Aetzfiguren α, entsprechend den Theilen P und $\underline{P}$, Aetzfiguren β, entsprechend den Theilen $\infty\bar{P}\infty$, und solche γ, entsprechend den als $\infty\breve{P}\infty$ aufzufassenden Flächentheilen. Dieser Befund der Aetzerscheinungen stimmt somit genau mit dem optischen Befunde überein, und die Aetzfiguren bringen so vollständig wie möglich die Structur der genannten Flächen und damit des Krystalls zur Anschauung. Aus dem S. 107 erwähnten grösseren geätzten Krystalle (mit vorherrschendem Würfel) von Lüneburg fertigte der Verfasser neuerdings mehrere Schliffe nach $\infty O\infty$, wobei eine geätzte Würfelfläche erhalten blieb. Man bemerkte daran, dass diejenigen Aetzfiguren ε, welche den Theilen $0P$ entsprechen, in ihrem Grunde sehr deutlich rechteckig gestaltete Vertiefungen zeigen, welche dunkel erscheinen und als Querschnitte von Kanälen zu betrachten sind, die sich in das Innere der Krystallmasse fortsetzen (Fig. 15, *a* und *b*). Diese rechteckigen Vertiefungen, welche an sich nicht als eigentliche Aetzfiguren zu betrachten sind, liegen mit ihren Seiten parallel den Diagonalen der Würfelfläche. Die anderen Aetzeindrücke δ, welche auf solchen Teilen der Fläche liegen, die ∞P entsprechen, zeigen zwar auch solche dunkle Querschnitte von Kanälen in ihrem Grunde, allein dieselben sind in der Regel nicht von der vollkommenen Ausbildung, wie es bei den Aetzfiguren ε der Fall ist (s. Fig. 15, *c*). Es wurde schon oben S. 109 darauf hingewiesen, dass diese dunkeln Rechtecke es wahrscheinlich sind, welche Klein als eigentliche Aetzfiguren auf $\infty O\infty$ beschrieben hat.

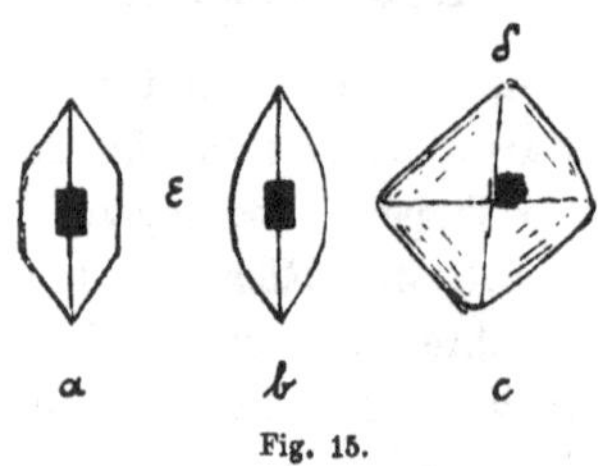

Fig. 15.

Die Schliffe, welche aus dem erwähnten Krystall hergestellt waren, boten nun bei der optischen Prüfung insofern besondere Schwierigkeiten, als es oft nicht gelingt, zu constatiren, dass die Aetzfiguren ε solchen Theilen der Würfelfläche angehören, welche parallel den Diagonalen der Fläche auslöschen. Zwar zeigte sich dies manchmal aufs bestimmteste, allein ein dünnerer Schliff wies schon überhaupt diese $0P$ entsprechenden Flächentheile optisch in viel geringerer Ausdehnung auf, als ein anderer weniger dünner, und oft lagen Eindrücke ε auf Theilen, welche sich optisch so verhielten, dass man dort Aetzfiguren δ erwarten sollte. Es schien überhaupt mit der Dicke des Schliffes auch die Ausdehnung der als $0P$ aufzufassenden, diagonal auslöschenden Theile abzunehmen; dies brachte den Verfasser auf den Gedanken, dass hier beim Schleifen eine ähnliche Umlagerung gewisser Theile der Krystallmasse stattfinde, wie sie bekanntlich beim Schleifen von Kalkspath (parallel R) beobachtet wird, wo sich eine deutliche Umlagerung gewisser Theile in Zwillingsstellung nach $-\frac{1}{2}R$ vollzieht (gut wahrzunehmen, wenn man eine Spaltungsplatte nach R auf einer matten Glastafel abreibt). Um hierüber Gewissheit zu erlangen, wurde der erwähnte dünnere Schliff auf einer nur wenig matten Glasplatte vorsichtig auf der angeschliffenen Seite mit Wasser abgerieben, so dass er daselbst mehr und mehr Politur annahm und dabei wiederholt im parallelen polarisirten Lichte betrachtet. Vorher war eine Zeichnung desselben mit allen diagonal auslöschenden Theilen angefertigt worden, womit nun der jedesmalige Befund verglichen wurde. Dabei ergab sich denn unzweideutig, dass diese Theile vielfachen Veränderungen hinsichtlich ihrer Begrenzung während der mechanischen Einwirkung unterliegen. Einzelne derselben vergrössern sich, andere werden kleiner oder verschwinden ganz. Wieder andere wechseln mehrmals ihre Form, dehnen sich aus und schrumpfen wieder zusammen. Hierdurch erklärt sich nun das oben beschriebene stellenweise abnorme Verhalten der Platten nach $\infty O \infty$ sehr einfach. Je dicker die Platte (bis zu einer gewissen, die Schärfe der optischen Erscheinungen bedingenden Grenze) ist, um so mehr stimmen die optischen Verhältnisse mit den in den Aetzerscheinungen ausgeprägten überein, indem die mechanische Einwirkung während des Schleifens oder Polirens noch nicht so tief eindringt, dass allzu auffallende Differenzen hervortreten. Dennoch bemerkt man auch dort mehrfach die durch die Umlagerung der Krystallmasse bedingten Verschiebungen. Wird die Platte immer dünner, so lagern sich immer mehr Theile derselben um, indem die in $0P$ ausgehenden durch die in ∞P endigenden mehr und mehr gleichsam absorbirt werden. Die Masse des Krystalles, welcher hier vorherrschend den Würfel zeigte, strebt auf diese Weise die von Mallard und Klein beschriebene Structur, bei welcher im Normalfalle die natürlichen Würfelflächen nur aus Theilen ∞P bestehen, möglichst vollkommen zu erreichen. Auf die Bedeutung und Tragweite des Umstandes, dass die Masse eines Krystalles bei der Herstellung von Schliffen eine molekulare Umlagerung erfahren kann, welche dann im optischen Verhalten mit zum Ausdrucke kommt, braucht nicht besonders hingewiesen zu werden. Zweifel an der Zuverlässigkeit der Aetzmethode werden dadurch zu deren Gunsten entschieden. Es ist möglich, dass die optischen Erscheinungen einer Krystallplatte die ursprünglichen Structurverhältnisse nicht mehr unverändert zur Darstellung bringen. Die Aetzerscheinungen stellen hingegen, namentlich wenn die Aetzung bei gewöhnlicher oder doch nicht zu hoher Temperatur stattgefunden hat, den ursprünglichen Zustand der Structur unmittelbar dar.

Hier sei noch eine Beobachtung erwähnt, welche lehrt, dass die rhombisch oder linsenförmig gestalteten Aetzfiguren ε in der That solchen Theilen der Würfelfläche eigenthümlich sind, die als $0P$ gedeutet werden müssen und diagonale Auslöschung zeigen. Der Verfasser fertigte aus einem Krystall von oktaëdrischem Habitus nach einer kleinen natürlichen Würfelfläche, welche dabei erhalten blieb, einen Schliff. Derselbe zeigte unter dem Mikroskop bei gekreuzten Nicols fast seiner ganzen Fläche nach Auslöschung nach den Diagonalen der Würfelfläche, wie es der vom Verfasser für jene Krystalle aufgefundenen Structur im einfachsten Falle entspricht. Nur eine Lamelle, welche ungefähr in diagonaler Richtung verlief, zeigte in dieser Stellung keine Auslöschung. Die Platte wurde nun mit der oben erwähnten erhitzten Mischung von verdünnter Schwefelsäure und Salzsäure geätzt und bedeckte sich dabei mit den rhombischen (resp. seitlich gerundeten) Aetzfiguren ε, soweit sie nach den Diagonalen der Würfelfläche auslöschte. Manche dieser Eindrücke nähern sich in ihrer Umgrenzung einem Rechteck, welches an den Ecken etwas gerundet ist, wobei jedoch die überwiegend längeren Seiten wiederum derselben Diagonale der Würfelfläche parallel gehen, nach welcher auch die anderen Eindrücke ε gestreckt sind. Jene Lamelle von abweichendem optischem Verhalten trat nach der Aetzung deutlich hervor und zeigte, wenngleich sehr unvollkommen ausgebildete, doch offenbar ganz andere und weit grössere Aetzfiguren als die Hauptfläche des Schliffes; dieselben entsprechen ohne Zweifel den Figuren δ. Bei Einschaltung eines empfindlichen Gypsblättchens vom Roth erster Ordnung erschienen die ersteren (vorherrschenden) Partien der Platte in der Auslöschungslage roth, die Lamelle hingegen gelb. Die letztere setzt sich schräg gegen die Würfelfläche ins Innere des Schliffes fort, weshalb an derselben die optischen Erscheinungen der Ueberlagerung zu beobachten sind.

In neuerer Zeit bot sich in den in den Jahren 1885—88 im Carnallit von Douglashall bei Westeregeln gefundenen Boracitkrystallen ein vorzügliches Material sowohl für optische Untersuchungen als auch für die Anwendung der Aetzmethode zur Ermittelung der Structur der Krystalle. Dieses Vorkommen ist von Bücking in Zeitschr. f. Kryst. 15, 572 eingehend krystallographisch behandelt worden, eine optische Untersuchung scheint jedoch von demselben nicht vorgenommen worden zn sein. Bücking theilt mit, dass die Krystalle in zwei Perioden vorgekommen seien, nämlich im Juli bis September 1885, wo etwas gelbliche, durchsichtige Kryställchen gefunden wurden, und von November 1887 bis Februar 1888, zu welcher Zeit sich prachtvolle, bis 3 mm grosse, wasserhelle und bis 5 mm grosse, lichtgrünlich gefärbte, durchsichtige Krystalle einstellten. Die farblosen oder grünlichen Krystalle erscheinen entweder als Würfel, an welchen das Rhombendodekaëder nur ganz schmal die Kanten abstumpfend auftritt oder als Combinationen des Würfels mit dem ziemlich gross entwickelten Tetraëder und dem bald schmälere, bald breitere Flächen zeigenden Rhombendodekaëder. Bei den grün gefärbten Krystallen ist das Tetraëder häufig über den Würfel vorherrschend; auch Tetraëder, an welchen der Würfel nur als ganz schmale Kantenabstumpfung erscheint, sind nicht selten vorgekommen. Ein durchgreifender Unterschied in der Ausbildung ist aber zwischen den grünen und wasserhellen Krystallen nicht vorhanden. Nur vereinzelte Krystalle sind flächenreicher ausgebildet. Bücking fand an einem wasserhellen Krystall, bei welchem $\infty O \infty$ (h) und $+\frac{O}{2}$ (o) vorherrschten und im Gleichgewicht ausgebildet waren, untergeordnet noch ∞O (d),

$-\frac{O}{2}$ (o'), $-\frac{2O2}{2}$ (i'), $+\frac{4O}{2}$, $-\frac{8O}{2}$, $-\frac{16O}{2}$; an grünen Krystallen beobachtete er bei vorherrschendem Würfel und mehr zurücktretendem Tetraëder o und Rhombendodekaëder untergeordnet die Pyramidenwürfel $\infty O3$, $\infty O4$ und $\infty O12$, ferner $+\frac{2O2}{2}$ (i). Die bald hellere, bald dunklere Farbe der grünen Boracite, welche im allgemeinen viel seltener sind, als die wasserhellen, ist bedingt durch einen Gehalt an Eisenoxydul. Dr. Werse fand bei der Analyse von 4 g der dunkleren Varietät 7,9 % FeO.

Da Bücking über die Formen der kleinen gelblichen, lebhaft glänzenden Krystalle dieses Fundortes keine näheren Angaben macht, so sei erwähnt, dass die relativ wenigen, dem Verfasser zur Verfügung stehenden Krystalle dieser Art folgende Combinationen aufweisen: $h \cdot o \cdot d$ (letzteres untergeordnet); $h \cdot o \cdot d \cdot o'$ (die beiden letzten sehr untergeordnet); $o \cdot h \cdot d \cdot o' \cdot i' \cdot t = +\frac{5O\frac{5}{3}}{2}$ (die beiden ersteren vorherrschend). Die letztgenannte, an einem Krystall gut entwickelte Form war von Bücking nicht beobachtet worden.

An den grünen Krystallen ist unter dem Mikroskop ein ausgezeichneter zonaler Bau zu beobachten, welcher dann besonders deutlich und scharf hervortritt, wenn man das Mikroskop auf das Innere des auf einer Würfelfläche aufliegenden Krystalls einstellt und das durchfallende Licht etwas abblendet oder schräg hindurchgehen lässt. Es zeigt sich dann, dass die Schichten einander nach den Seiten eines Quadrates umhüllen, welches der Umgrenzung des Würfels parallel liegt, und dessen Ecken durch Partien mit diagonal verlaufenden Anwachsstreifen abgestumpft werden. Die Schichten scheinen demgemäss nach den Flächen des Würfels und des Dodekaëders angeordnet zu sein. Die Erscheinung, welche sich hier darbietet, ist aussergewöhnlich schön und charakteristisch.

Es wurden nun zunächst Schliffe nach einer Würfelfläche aus farblosen, grünen und gelblichen Krystallen hergestellt, wobei meist die natürliche Würfelfläche erhalten blieb. Diese Schliffe wurden im parallelen und convergenten polarisirten Lichte untersucht, wobei sich folgendes ergab.

1. Ein aus einem farblosen Krystall hergestellter Schliff, welcher ein wenig von der Oberfläche des Krystalls entfernt genommen wurde, erscheint im parallelen polarisirten Lichte in der Normalstellung, d. h. wenn die Seiten der Würfelfläche den gekreuzten Nicolhauptschnitten parallel gehen, fast gleichmässig dunkel, wenngleich schon Andeutungen der sehr scharf verlaufenden Zwillingsgrenzen hervortreten. Neben den weitaus vorherrschenden dunklen Theilen sieht man nur spärlich helle farbige Partien, welche ihrerseits in der Diagonalstellung auslöschen. In dieser Stellung tritt aber auch die Zwillingsverbindung der vorherrschenden Theile aufs schönste hervor, indem gewisse Partien fast gar nicht, andere mehr aufgehellt erscheinen, die ersteren also mehr schwarze, die letzteren hellgraue Farbe zeigen. Diese Theile sind nun aufs complicirteste mit einander verwachsen, die Grenzen verlaufen theils nach den Diagonalen, theils nach den Seiten der Würfelfläche. Es ist hier offenbar im Princip die von Mallard und Klein beobachtete Structur erster Art vorhanden, wobei die Würfelfläche vorzugsweise aus Theilen ∞P zusammengesetzt ist. Im convergenten polarisirten Lichte erblickt man denn auch auf den mit einander abwechselnden Theilen den Barren einer optischen Axe in zwei zu einander senkrechten Stellungen, wie es die genannten Forscher beschrieben haben (Klein, Neues Jahrb. f. Min. etc. 1880, III, Taf. VI, Fig. 2). Schaltet man ein Gypsblättchen vom Roth erster Ordnung ein, so erscheinen, wie Klein angegeben, im parallelen polarisirten Lichte in der Diagonalstellung die Componenten der Fläche theils gelb, theils blau gefärbt, wobei jedoch zu bemerken ist, dass diese Farbenänderung natürlich am lebhaftesten dort auftritt, wo die Fläche in der genannten Stellung am stärksten aufgehellt ist. So kann man auch die vier verschieden orientirten Componenten unterscheiden: die helleren sind bei Einschaltung des Gypsblättchens lebhaft blau resp. gelb, die dunkleren rothblau resp. rothgelb gefärbt.

Ein zweiter Schliff, welcher so aus einem farblosen Krystall hergestellt war, dass die natürliche Würfelfläche erhalten blieb, verhält sich im wesentlichen dem eben beschriebenen gleich, nur weist er neben den anderen weit ausgedehntere Theile auf, welche zwischen gekreuzten Nicols in der Normalstellung lebhaft gefärbt sind und in der Diagonalstellung auslöschen, folglich als in $0P$ ausgehend aufzufassen sind.

Ein farbloser Krystall mit vorherrschendem Tetraëder *o* und mehr untergeordnetem Würfel liess, wenn man ihn auf einer Tetraëderfläche liegend im durchfallenden Lichte unter dem Mikroskop betrachtete, die durch die Structur nach Mallard bedingte Theilung der nach oben gewendeten Ecke an den Zwillingsgrenzen auf *h* direct erkennen, wie es Fig. 16 zeigt. Diese (punktirten) Grenzen verlaufen auf den Würfelflächen (resp. im Inneren des Krystalls) parallel den Kanten *h* : *o*. Die Erscheinung ist besonders gut wahrzunehmen, wenn man den Krystall in einen kleinen Glastrog legt, welcher mit einer Flüssigkeit gefüllt ist, deren Brechungsquotient denjenigen des Boracits nahe kommt.

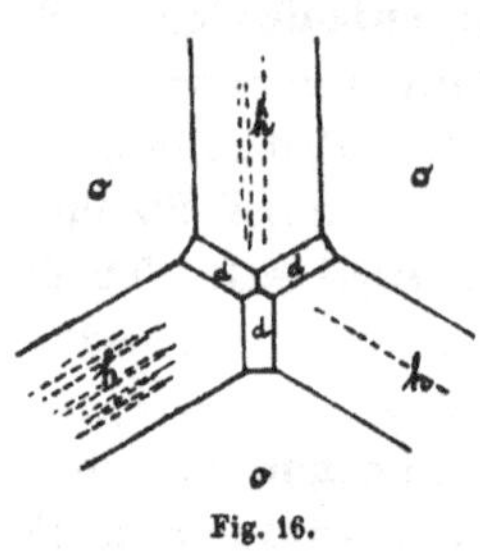

Fig. 16.

2. Ein Schliff aus einem grünen Krystall parallel einer Würfelfläche, welche dabei erhalten blieb, zeigte im parallelen polarisirten Lichte ziemlich regelmässig das von Mallard und Klein beschriebene Zerfallen in vier Sectoren; auch erschienen zwei gegenüberliegende Sectoren bei Einschaltung des empfindlichen Gypsblättchens in der Diagonalstellung schön gelb, die beiden anderen blau gefärbt. Die Sectoren begrenzen einander in unregelmässig und vielfach gekrümmten Linien, auch sind häufig Theile der einen Orientirung in einen solchen einer anderen inselartig eingelagert. Im convergenten polarisirten Lichte sind die, den vier Sectoren entsprechenden Barren sehr gut zu beobachten und folgt der Schliff auch in dieser Hinsicht der schon oben erwähnten Fig. 2 der Klein'schen Abhandlung. Theile, welche in diagonaler Stellung auslöschen, sind nur sehr spärlich vorhanden. Dieselben treten hingegen, wie es auch die Theorie erfordert, in einem zweiten, aus der Mitte eines solchen Krystalls genommenen Schliffe nach *h* vorherrschend auf. Dieser Schliff zeigt im parallelen polarisirten Lichte in der Normalstellung ein aus vielen theils dunklen, theils bunten Streifen zusammengesetztes Kreuz, dessen Arme den Würfelkanten parallel gehen, auf buntem Grunde. Dieser bunte Grund sowie einige Theile des Kreuzes löschen in der Diagonalstellung aus. Die

Prüfung mit dem Gypsblättchen ergab, dass diejenigen Theile des Kreuzes, welche in der Normalstellung dunkel erscheinen, gleichsam als die Ueberreste derjenigen Partien zu betrachten sind, aus welchen die natürliche Würfelfläche im wesentlichen zusammengesetzt ist. Das Kreuz besteht also aus Theilen, welche als ∞P, und solchen, welche als $0P$ aufzufassen sind, der Grund entspricht gleichfalls Theilen $0P$. Somit ist die Structur der grünlichen Krystalle genau der Mallard'schen Annahme gemäss.

Gleichzeitig liess sich feststellen, dass die zonale Structur dieser Krystalle nur einen relativ geringen Einfluss auf die optischen Verhältnisse ausübt. In der Diagonalstellung liess sich stellenweise ein Unterschied in der Helligkeit der auf einander folgenden parallelen Schichten erkennen und in der Normalstellung zeigte sich bei Einschaltung des Gypsblättchens vereinzelt eine Differenz im Farbenton derselben.

3. In vollkommenem Gegensatz zu den unter 1. und 2. besprochenen stehen nun die kleinen gelblichen Krystalle desselben Fundortes, insofern sie nämlich schon optisch deutlich die andere, vom Verfasser schon früher ermittelte Structur erkennen lassen. Ein Schliff nach h mit erhaltener Würfelfläche erscheint in der Normalstellung zwischen gekreuzten Nicols lebhaft blaugrün gefärbt mit Ausnahme einiger kleiner Partien, welche in dieser Stellung auslöschen. In der Diagonalstellung löscht er, wiederum mit Ausnahme jener Theile, vollkommen aus. Die erwähnten, sich abweichend verhaltenden Partien erscheinen in der Diagonalstellung nach Einschaltung des empfindlichen Gypsblättchens zum Theil blau, zum Theil gelb gefärbt. Demnach entspricht der Schliff in seiner weit überwiegenden Ausdehnung der Fläche $0P$, in den anderen, zurücktretenden Theilen der Fläche ∞P. In einem zweiten derartigen Schliff, welcher geätzt wurde und demnach später noch besprochen werden soll, treten diese letzteren Theile noch mehr zurück, so dass derselbe fast ganz einheitlich erscheint und so aufs bestimmteste der vom Verfasser zuerst beobachteten Structur entspricht. Diese Structur konnte an den gelblichen Krystallen auch schon aus den im gewöhnlichen Lichte u. d. M. zu beobachtenden Zwillingsgrenzen erschlossen werden. Fig. 17 stellt zwei negative Tetraëderflächen o' (in der Ebene der Zeichnung liegend) sowie die

dieselben umgebenden Flächen d und h dar; die punktirten Linien sind die im durchfallenden Lichte gut wahrnehmbaren Zwillingsgrenzen, welche in ihrem Verlaufe die zweite Art der Structur der Boracitkrystalle zur Anschauung bringen. Die negative Tetraëderfläche zeigt die von Klein so genannte Dreitheilung nach den Seiten, wobei die Fläche als von den Dodekaëderflächen umschlossen betrachtet wird, im Gegensatz zu derjenigen nach den Ecken, wie sie der von Mallard zuerst beobachteten Structur entspricht (vergl. Fig. 16, sowie Abhandlung des Verfassers in Zeitschr. f. Kryst. 3, Taf. VIII, Fig. 4, 5, 6). Die Dodekaëderflächen zerfallen nach der zur Kante $d : o'$ senkrecht verlaufenden Grenze in (im einfachsten Falle) zwei zwillingsgemäss verbundene Theile. Schön zeigt diese Verhältnisse auch der in Fig. 18 in den betreffenden Theilen wiedergegebene Krystall; diese Figur ist gegen Fig. 17 um 60° gedreht. Etwa in der Mitte von o' wechseln dabei die beiden Arten der Flächentheilung ab, während im Ganzen diejenige nach den Seiten vorherrscht.

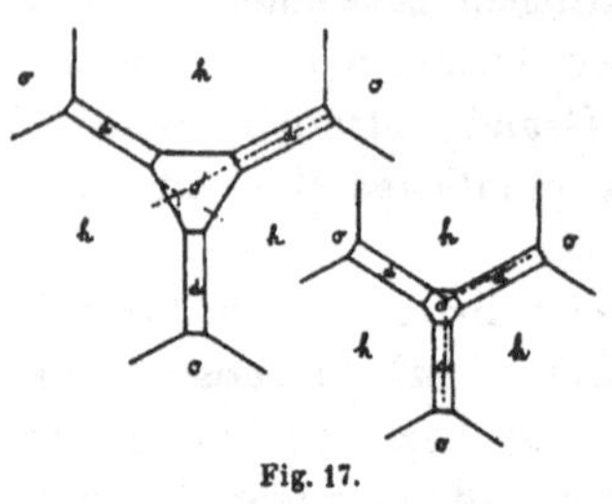
Fig. 17.

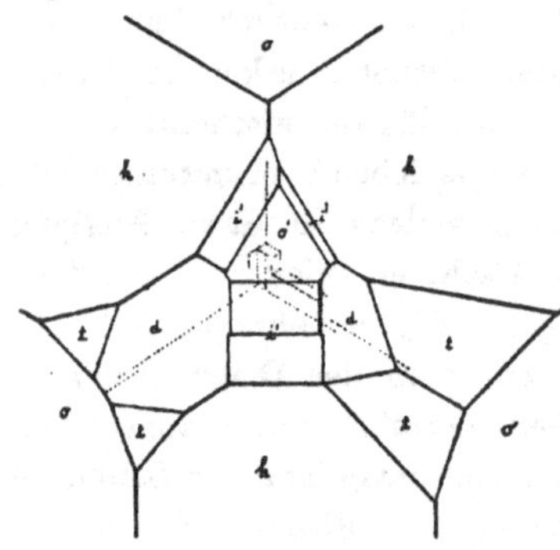
Fig. 18.

Aus dem Gesagten ergiebt sich, dass von den hier besprochenen Boraciten die grünlichen sehr bestimmt die von Mallard zuerst beschriebene Structur, die gelblichen hingegen die vom Verfasser zuerst beobachtete Bauweise zeigen. Zwischen beiden stehen die farblosen Krystalle, welche sich zuweilen sehr der ersteren Structur nähern. Hiermit stimmen die vom Verfasser beobachteten Aetzerscheinungen der dreierlei Krystalle vollkommen überein. Zweckmässig erscheint es, mit der Schilderung der an den farblosen Krystallen beobachteten Aetzfiguren zu beginnen. Vorher sei noch bemerkt, dass es wünschenswerth sein musste, gerade auf den Würfelflächen, wo dies früher zum Theil weniger gelang, gute Aetzfiguren zu erhalten. Wären dieselben von vollkommener Ausbildung, so müssten sie auf den Theilen ∞P nicht nur dem rhombischen System entsprechen, sondern auch, was die optischen Erscheinungen nicht vermögen, den von der Theorie gcforderten Hemimorphismus nach der Verticalaxe (vergl. S. 105) erkennen lassen. Auf diesen Theilen ∞P müssten sie gänzlich unsymmetrisch sein, auf denjenigen jedoch, welche als $0P$ aufzufassen sind, die Symmetrie der rhombischen Basis zeigen. Dem ist nun in der That so.

1. Eine Reihe von farblosen Krystallen wurde so lange mit der mehrfach erwähnten verdünnten Mischung von Salz- und Schwefelsäure in der Siedehitze geätzt, bis sie bei etwa 100maliger Vergrösserung u. d. M. deutliche, nicht zu kleine Aetzfiguren zeigten. Dann wurden die Krystalle nach einer Würfelfläche, welche besonders gute Aetzfiguren aufwies, angeschliffen, zum Theil so dünn, dass die betreffende Platte nicht nur im durchfallenden Lichte auf Aetzerscheinungen gut untersucht werden konnte, sondern auch die Polarisationserscheinungen in voller Deutlichkeit erkennen liess. Eine dieser Platten zeigte bei der optischen Prüfung fast nur in ∞P ausgehende Theile, hingegen nur ganz untergeordnet und klein solche nach $0P$. In der Diagonalstellung sieht man nach Einschaltung des empfindlichen Gypsblättchens eine ziemlich regelmässige Theilung in vier Sectoren, von welchen je zwei gegenüberliegende violett resp. gelb gefärbt sind. Fig. 19 giebt diese Platte mit ihrer Sectorentheilung und den darauf beobachteten Aetzfiguren, schematisch gehalten, wieder; die in den einzelnen Sectoren auftretenden Lamellen einer anderen Orientirung sind der Einfachheit halber weggelassen, da sie nichts Neues bieten. Gehen die Würfelkanten den Nicolhauptschnitten parallel, so erscheinen im convergenten Lichte die eingezeichneten Barren senkrecht zu den Würfelkanten, nach der Drehung der Platte um 45° parallel dazu. Die Aetzfiguren, welche auch hier wieder mit δ bezeichnet seien, sind gänzlich unsymmetrisch gestaltet und werden von drei im allgemeinen breiteren und zwei schmaleren Seiten resp. Flächen gebildet. Sie haben deshalb einen

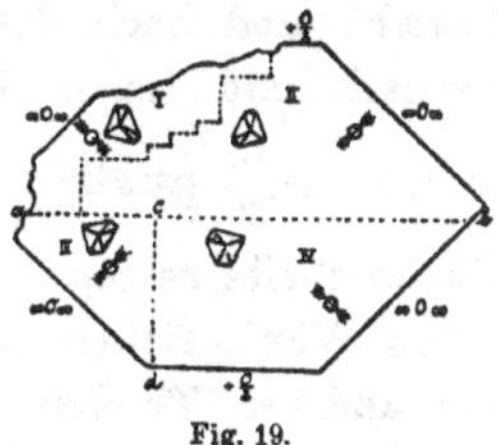

Fig. 19.

annähernd dreiseitigen, in Wirklichkeit fünfseitigen Umriss. Die auf I liegenden Eindrücke sind zu den auf II erscheinenden nach einer Linie *cd* (resp. deren Verlängerung) symmetrisch, desgleichen die auf III zu den auf IV liegenden. Anderseits sind die von I und III, sowie von II und IV unter einander symmetrisch nach *ab*. Dies entspricht genau den Symmetrieverhältnissen der vier Sectoren sowie der durch die Zwillingsbildung bedingten gegenseitigen Beziehung derselben. Die auf den Theilen ∞P der Würfelfläche auftretenden unsymmetrischen Aetzfiguren sind gut zu sehen auf den Mikrogrammen **45** und **46**. Mikr. **45** zeigt dieselben in sämmtlichen vier Stellungen, rechts bemerkt man auch mehrfach sogen. Zwillingseindrücke, welche von zwei Aetzfiguren verschiedener Stellung gebildet werden. Auf Mikr. **46** erstrecken sich die Theile ∞P zungenförmig in solche $0P$; über die auf $0P$ auftretenden Aetzfiguren ε s. unten.

Während an dem eben beschriebenen Schliffe nur spurenweise Theile mit diagonaler Auslöschung zu beobachten sind, treten solche an einem z w e i t e n Würfelschliff aus einem farblosen, aber vorher nicht geätzten Krystall reichlicher auf. Der Schliff wurde geätzt, und nun zeigen sich die Theile mit diagonaler Auslöschung mit Eindrücken bedeckt, welche in ihrer Gestaltung und Lage genau den früher schon beobachteten Aetzfiguren ε (Fig. 15*b*) entsprechen. Diese Eindrücke besitzen eine gestreckte, annähernd linsenförmige Gestalt, sind nach den beiden Diagonalen der Würfelfläche symmetrisch und liegen ihrer grössten Ausdehnung nach der Kante $\infty O \infty : + \frac{O}{2}$ parallel. Die mit solchen Aetzfiguren ε bedeckten Flächentheile zeigen, wie insbesondere auch an anderen, länger geätzten Würfelflächen zu sehen ist, u. d. M. sehr deutlich ein von den anderen Theilen verschiedenes Niveau, wodurch, namentlich bei etwas abgeblendetem Lichte, die Structur der ganzen Fläche, soweit es sich um den Unterschied von Theilen ∞P und $0P$ handelt, bestimmt hervortritt (sehr gut zeigt dies Mikr. **44**, welches bei schwacher Vergrösserung einen Ueberblick über einen grossen Theil einer solchen Würfelfläche giebt — da, wo die Aetzfiguren dicht gedrängt liegen und sich dann vielfach schlauchförmig ins Innere der Platte fortsetzen, erscheint dieselbe wolkig getrübt. S. auch

Mikrogr. 46, stärker vergrössert). Der erwähnte Schliff war mit Absicht nicht aus einem schon vorher geätzten Krystall hergestellt, sondern wurde erst nach der optischen Prüfung, welche hier ein reichliches Auftreten von diagonal auslöschenden Theilen ergab, der Aetzung unterworfen. Nach derselben zeigt sich, wie bemerkt, dass die in ∞P ausgehenden Theile mit Aetzfiguren δ, die in $0P$ endigenden mit solchen ε bedeckt sind, wobei allerdings stellenweise zu beachten ist, dass diese verschiedenartigen Partien im parallelen polarisirten Lichte in abwechselnd ungleich gefärbten Fransen zusammenstossen, da die Grenzflächen schief zur Würfelfläche liegen. Indess kann an dem Mitgetheilten kein Zweifel sein, indem an solchen Stellen, welche bestimmte charakteristische Auslöschung zeigen, die Aetzfiguren in der angegebenen Weise vertheilt sind. Anders verhält es sich hingegen mit einem dritten Schliff nach $\infty O \infty$, welcher wie der erste aus einem schon vorher geätzten Krystall hergestellt wurde. Bei der Herstellung schien es dem Verfasser schon, als ob die diagonal auslöschenden Partien beim letzten Dünnschleifen immer mehr zusammenschrumpften; schliesslich zeigt der Schliff nur noch ganz kleine derartige Theile. Trotzdem waren aber nach dem Aetzen des ganzen Krystalles auf der betreffenden Würfelfläche sehr deutlich grössere, mit Aetzfiguren ε bedeckte Theile zu beobachten, welche nun auch der Schliff aufweist. Diese mit Aetzfiguren ε bedeckten Partien löschen aber jetzt nur noch zum geringen Theile diagonal aus, die meisten haben einen der Fläche ∞P entsprechenden optischen Charakter angenommen. Es ist demnach anzunehmen, dass beim Schleifen eine molekulare Umlagerung diagonal auslöschender Theile in solche mit Axenaustritt stattgefunden hat, und es stimmt dies genau mit den oben mitgetheilten Beobachtungen überein, welche an den aus einem geätzten grösseren Lüneburger Boracitkrystall hergestellten Würfelschliffen gemacht wurden. Die Theile $0P$, welche der im allgemeinen an diesen Krystallen vorherrschenden Mallard'schen Structur gemäss auf den Würfelflächen fehlen sollten, gehen also in Folge einer mechanischen Einwirkung (wenigstens theilweise) in die von jener Structur geforderte, hier normale Lage über. Dadurch werden aber, da die Dimensionen der Fläche sich hierbei nicht ändern, die Aetzfiguren, welche schon vorher vorhanden waren, nicht berührt; sie lassen vielmehr noch erkennen, welchen Bau der Krystall während des Aetzens und vor dem Schleifen besessen hat.

Die bisher besprochenen Präparate waren sämmtlich unter Anwendung von erhitzter Säure erhalten worden. Es wurde nun auch ein farbloser Krystall mit der kalten verdünnten Mischung von Salz- und Schwefelsäure geätzt und die Einwirkung des Aetzmittels auf 9 Tage ausgedehnt. Die Beobachtungen waren allerdings schwierig auszuführen, indess liessen sich auf $\infty O \infty$ Aetzfiguren wahrnehmen. Hierauf wurde der Krystall nach einer Würfelfläche dünn geschliffen. Der grösste Theil der betreffenden Fläche war mit Eindrücken bedeckt, deren Umriss von drei längeren und einer kürzeren Seite gebildet wird; zwei Seiten sind annähernd parallel, so dass diese Aetzfiguren als schiefe Trapeze bezeichnet werden können. Dieselben sind also unsymmetrisch und treten in vier verschiedenen Stellungen auf (s. Fig. 20, 1—4, wo ein Theil der Fläche wiedergegeben ist), so dass sie in dieser Beziehung den Eindrücken entsprechen, welche beim Aetzen mit erhitzter Säure auf den in ∞P endigenden Theilen der Würfelfläche dieser Krystalle entstehen. Ihre abweichende Gestalt lässt den Einfluss der Temperatur des Aetzmittels erkennen, wozu dann noch die hier bedeutend längere Dauer des Aetzens kommt. Neben diesen Aetzfiguren (δ) erschienen noch solche, welche denjenigen ε entsprechen, aber sehr klein sind und auf den betreffenden Flächentheilen weniger zahlreich auftreten. Sie sind kurzlinienförmig. Bei der Prüfung der optischen Verhältnisse der mit ungleichen Aetzfiguren δ und ε bedeckten Theile ergab sich, dass die optischen Grenzen nicht überall mit den Aetzgrenzen genau zusammenfielen, sondern stellenweise dagegen verschoben waren, so dass z. B. die Auslöschung in der Normalstellung sich stellenweise auch auf solche Flächenpartien erstreckt, welche Aetzfiguren ε tragen. Dennoch stimmte im allgemeinen der optische Befund mit den durch die Aetzung blossgelegten Structurverhältnissen überein; es liegt beiden offenbar derselbe ursprüngliche Thatbestand zu Grunde. Die stellenweise Verschiebung der Grenzen ist nach Ansicht des Verfassers wiederum auf den Einfluss des Schleifens

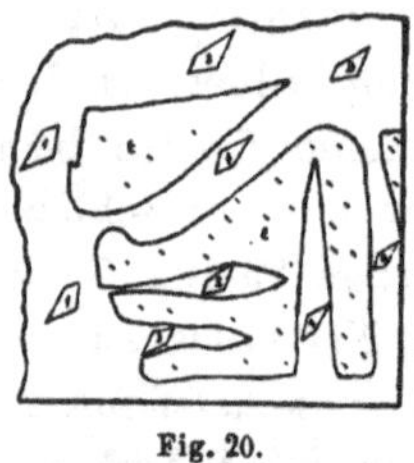

Fig. 20.

(nach dem Aetzen) zurückzuführen, sie ist die Folge einer durch die mechanische Einwirkung herbeigeführten inneren Umlagerung. Um dieses noch mehr sicher zu stellen, wurde die Platte nochmals drei Tage lang der Einwirkung der kalten Säure ausgesetzt. Darauf zeigte sich, dass solche Theile, welche vorher mit Aetzfiguren ε bedeckt waren, dennoch aber in der Normalstellung auslöschten, nunmehr der Theorie entsprechend Aetzfiguren δ trugen. In Folge der erneuten Aetzung hatte also eine Umformung der betreffenden Aetzfiguren stattgefunden, so dass an diesen Stellen jetzt gleichfalls die Aetzerscheinungen mit dem optischen Verhalten übereinstimmten.

Erwähnt sei noch folgende Beobachtung. Früher hatte der Verfasser wie auch C. Klein auf den geätzten natürlichen Tetraëderflächen nur gleichseitig-dreiseitige Eindrücke und C. Klein einmal auf einer angeschliffenen Fläche monosymmetrische dreiseitige Aetzfiguren erhalten. Nun fand der Verfasser an einem Schliffe, bei welchem die natürliche Fläche $+\frac{O}{2}$ noch erhalten war, nach der Aetzung mit verdünnter Schwefelsäure (1 Theil Säure auf 6 Theile Wasser) theils gleichseitig-dreiseitige, theils trapezförmig gestaltete Vertiefungen. Die letzteren, welche aus den dreiseitigen durch gerade Abstumpfung einer Ecke entstanden sind, herrschen vor und treten in drei Stellungen auf, entsprechend den drei Theilen der Tetraëderfläche. Demgemäss sind sie auf diese drei Theile so vertheilt, dass stets die beiden parallelen Seiten der geraden Trapeze mit einer Auslöschungsrichtung des betreffenden Flächentheils gleich gerichtet sind.

2. Etwas anders gestaltet als bei den farblosen Krystallen sind die mit erhitzter Säure auf den Würfelflächen der grünlichen Boracite — welche leichter vom Aetzmittel angegriffen werden als jene — erhaltenen Aetzfiguren. Da hier die diagonal auslöschenden Theile nur sehr spärlich vorhanden sind, so bot sich keine Gelegenheit, Aetzfiguren ε zu beobachten. Die auf den, der Mallard'schen Theorie entsprechenden und in ∞P ausgehenden Partien auftretenden Aetzfiguren δ hingegen sind recht gut ausgebildet; sie besitzen bei bester Ausbildung die Form von ungleichseitigen Dreiecken, welche, der Structur der Krystalle gemäss, in vier verschiedenen Stellungen erscheinen. Fig. 21 zeigt diese vier Lagen der Aetzfiguren

nebst dem entsprechenden optischen Befunde. Desgleichen sind auf Mikrogr. 47 die vier verschiedenen Lagen der Eindrücke vertreten.

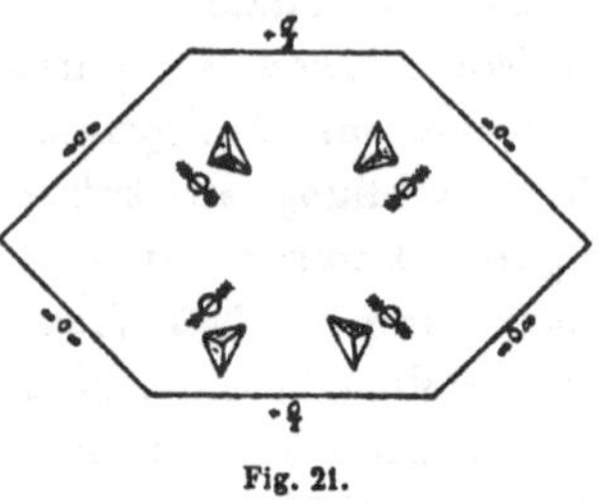

Fig. 21.

Vergleicht man diese Aetzfiguren mit den bei den farblosen Krystallen (Fig. 19) erhaltenen, so bemerkt man eine nahe Beziehung insofern, als die drei Seiten der Dreiecke im ersteren Falle den drei grösseren Seiten der fünfseitigen Eindrücke im letzteren entsprechen. Zuweilen ist auch bei den Aetzfiguren der grünlichen Krystalle eine Ecke (oder zwei) abgestumpft, jedoch ist die Ausbildung dabei im allgemeinen wenig präcis. Wahrscheinlich liegen dann Annäherungen an die bei den farblosen Krystallen gewöhnliche Form vor. An einem dünnen Schliff konnte leicht constatirt werden, dass dort, wo die dreiseitigen Aetzfiguren auftreten, stets im convergenten polarisirten Lichte Axenaustritt zu beobachten ist und dass die Lage des Barren mit der Lage der Aetzfiguren wechselt (Fig. 21). Bei auffallendem Lichte, besonders bei durch eine Linse concentrirtem Lampenlichte, lässt sich an den geätzten grünen Krystallen schon aus dem auftretenden orientirten Schimmer (namentlich bei schwacher Vergrösserung unter dem Mikroskop) deutlich die Viertheilung der Würfelfläche gemäss der Mallard'schen Auffassung erkennen. Dreht man das Präparat in der Ebene des Mikroskoptisches um die Axe des Instruments, so leuchten nach einander die Aetzfiguren der vier verschiedenen Stellungen auf. Die leichtere Angreifbarkeit und die abweichende Form der Aetzfiguren der grünen Krystalle bei gleichbleibender Aetzmethode ist wohl darauf zurückzuführen, dass diese Krystalle eine andere chemische Zusammensetzung haben als die farblosen (sie enthalten, wie schon bemerkt, bis gegen 8 % *FeO*).

3. Wie schon aus der optischen Untersuchung hervorgegangen war, zeigen die kleinen gelblichen Krystalle von Westeregeln diejenige Structur, welche vom Verfasser zuerst an den Lüneburger Boraciten von oktaëdrischem Habitus festgestellt worden war. Die Würfelflächen verhalten sich optisch fast ganz einheitlich und löschen insoweit diagonal aus. Hiermit stimmen die auf denselben mit der erhitzten Säuremischung erhaltenen Aetzfiguren überein, von welchen

Mikrogr. 48 ein Bild giebt. Es sind die nach der Kante $\infty O \infty : + \frac{O}{2}$ angeordneten, hier kurzlinien- oder stäbchenförmig erscheinenden Aetzfiguren ε, welche, wenn sie die Oeffnung eines der mehrfach erwähnten, ins Krystallinnere sich erstreckenden Kanäle umschliessen, an den beiden längeren Seiten gerundet sind und dann linsenförmigen Umriss besitzen. Nur auf vereinzelten Streifen solcher Flächen bemerkt man grössere Aetzfiguren δ, jedoch von unvollkommener Ausbildung. Dieselben entsprechen solchen Theilen resp. Lamellen, welche in ∞P endigen, im Gegensatz zu der weit überwiegend als $0P$ aufzufassenden Fläche.

Es erscheint zweckmässig, die oben mitgetheilten, namentlich am Boracit von Westeregeln erhaltenen Ergebnisse, soweit sie allgemeinere Bedeutung haben, noch einmal kurz zusammen zu fassen. Zunächst kann es nun wohl keinem Zweifel mehr unterliegen, dass die Aetzerscheinungen in der That die Symmetrieverhältnisse und die Structur der betreffenden Krystalle vollständig zum Ausdruck bringen. Waren die Aetzerscheinungen auch nicht in allen besprochenen Fällen gleich scharf, so ergiebt sich doch aus den gesammten Beobachtungen bestimmt, dass der Boracit bei gewöhnlicher Temperatur rhombisch und hemimorph nach der als Verticalaxe genommenen Axe krystallisirt. Der Hemimorphismus ist besonders durch die vollständige Unsymmetrie der auf den Flächen ∞P (resp. den als solche zu deutenden Würfelflächen) erscheinenden Aetzfiguren δ der Krystalle von Westeregeln erwiesen.

Wenn es früher wohl scheinen konnte, als stimmten die durch die Aetzfiguren angedeuteten Structurverhältnisse nicht genau mit den durch das optische Verhalten der Schliffe constatirten überein, insofern die auf beiderlei Art beobachteten Zwillingsgrenzen nicht vollkommen zusammenfielen, so findet dies nun seine Deutung darin, dass die mit der Herstellung der Schliffe aus (schon vorher geätzten) Krystallen verbundene mechanische Einwirkung eine theilweise molekulare Umlagerung zu Folge hat, und zwar in dem Sinne, dass dadurch die für den betreffenden Krystall normale Structur noch vollkommener als vorher erreicht wird. Aetzt man hingegen schon vorher fertig gestellte Schliffe, so stimmt der optische Befund mit dem durch die Aetzfiguren ausgedrückten Verhalten überein.

Besonders bemerkenswerth ist das Ergebniss, dass die Regel, welche nach C. Klein für die Lüneburger Boracite gilt — dass nämlich die Krystalle von dodekaëdrischem oder hexaëdrischem Habitus in ihrer Structur der Mallard'schen Annahme, diejenigen von tetraëdrischem oder scheinbar oktaëdrischem Habitus der Annahme des Verfassers folgen — sich für die Boracite von Westeregeln nicht mehr zutreffend erweist. Zwar macht C. Klein darauf aufmerksam, dass jene Regel immer nur das durchgreifende Bildungsgesetz berücksichtige; wie die Erfahrung lehre, komme das resp. andere zuweilen als untergeordnete Bildungsweise mit vor. Nach Klein treten auch beide Bildungsweisen besonders an den Mittelkrystallen der zwei Haupttypen auf. Daraus geht aber wiederum hervor, dass bei den Lüneburger Krystallen — solche von Stassfurt und Segeberg wurden von Klein »nicht sehr ausgiebig« geprüft — jenes Bildungsgesetz in der That Geltung hat, soweit wenigstens die bis jetzt ausgeführten Untersuchungen erkennen lassen. Die Krystalle von Westeregeln zeigen in ihrer farblosen und grünen Modification sowohl den Würfel, als auch das Tetraëder vorherrschend. Die gelblichen Krystalle weisen, so weit die Beobachtungen des Verfassers reichen, ganz ähnliche Formverhältnisse auf, nur wurde an einem solchen ausserdem das Hexakistetraëder $+\frac{5O\frac{5}{3}}{2}$ gefunden. Die grünen Krystalle besitzen nun den von Mallard, die gelblichen den vom Verfasser beobachteten Bau. An die grünen schliessen sich eng die farblosen Krystalle an, sie zeigen jedoch auf $\infty O \infty$ manchmal schon Theile $0P$ von ziemlich bedeutender Ausdehnung, bilden also insoweit einen Uebergang zu den gelblichen Boraciten. Bei den Krystallen von Westeregeln ist also der allgemeine Habitus nicht entscheidend für die Structur. Vielleicht ist deshalb auch bei den Lüneburger Krystallen nach einer anderen allgemeineren Ursache des ungleichen Aufbaues zu suchen. In dieser Hinsicht dürfte dem Umstande eine gewisse Bedeutung zukommen, dass auch an den früher vom Verfasser untersuchten oktaëdrischen Lüneburger Boraciten, welche mit den gelblichen von Westeregeln in der

Structur übereinstimmen, das Hexakistetraëder $+\frac{5O\frac{5}{3}}{2}$ auftritt. Die Flächen desselben scheinen zudem insofern einen Einfluss auf die Structurverhältnisse auszuüben, als auf ∞O jener Lüneburger Krystalle die Theile $\infty\bar{P}\infty$ (Aetzfig. β) mit solchen P (Aetzfig. α) in Grenzen zusammentreffen, welche den Kanten $+\frac{5O\frac{5}{3}}{2} : \infty O$ parallel laufen (s. Mikrogr. 39 u. 43). Ob in der That hier ein allgemeinerer Grund für das Auftreten der einen oder der anderen Structurart zu suchen ist, müssen fernere Untersuchungen lehren.

Zeitfracht Medien GmbH
Ferdinand-Jühlke-Straße 7
99095 Erfurt, Deutschland
produktsicherheit@kolibri360.de